绿色食品申报指南丛书

绿色食品现场检查指南

中国绿色食品发展中心　编著

中国农业科学技术出版社

图书在版编目（CIP）数据

绿色食品现场检查指南 / 中国绿色食品发展中心编著. --北京：中国农业科学技术出版社，2022. 7（2024.5 重印）

ISBN 978-7-5116-5777-0

Ⅰ. ①绿… Ⅱ. ①中… Ⅲ. ①绿色食品—食品检验—指南 Ⅳ. ①TS207.3-62

中国版本图书馆CIP数据核字（2022）第 091704 号

责任编辑 史咏竹
责任校对 马广洋
责任印制 姜义伟 王思文

出 版 者 中国农业科学技术出版社
北京市中关村南大街 12 号 邮编：100081
电 话 （010）82105169（编辑室） （010）82109702（发行部）
（010）82109709（读者服务部）
网 址 http: // www.castp.cn
经 销 者 各地新华书店
印 刷 者 北京建宏印刷有限公司
开 本 148 mm × 210 mm 1/32
印 张 8
字 数 208 千字
版 次 2022 年 7 月第 1 版 2024 年 5 月第 2 次印刷
定 价 58.00 元

《绿色食品现场检查指南》编写人员

主　　编　李显军　陈　倩

执行主编　赵建坤　张逸先　杨　震　乔春楠　王宗英

副 主 编　张　侨　邬清碧　张金凤　李建锋　刘学锋
林静雅　张　优

参编人员（排名不分先后）

盖文婷　徐淑波　王雪薇　王　晶　陈红彬
宋　铮　斯　青　青　山　和　珊　唐运克
潘多集　杜先云　傅尚文　赵永红　王　璋
马　卓　张　宪　宫凤影　陈　曦　唐　伟
杜海洋

序

良好的生态环境、安全优质的食品是人们对美好生活的追求和向往。为保护我国生态环境，提高农产品质量，促进食品工业发展，增进人民身体健康，农业部①于20世纪90年代推出了以“安全、优质、环保、可持续发展”为核心发展理念的“绿色食品”。经过30年的发展，绿色食品事业发展取得显著成效，创建了一套特色鲜明的农产品质量安全管理制度，打造了一个安全优质的农产品精品品牌，创立了一个蓬勃发展的新兴朝阳产业。截至2021年年底，全国有效使用绿色食品标志的企业总数已达23493家，产品总数51071个。发展绿色食品为提升我国农产品质量安全水平，推动农业标准化生产，增加绿色优质农产品供给，促进农业增效、农民增收发挥了积极作用。

绿色食品发展对我国全面实施乡村振兴、生态文明建设、农业生产“三品一标”等战略部署具有重要支撑作用，日益受到各级地方政府部门、生产企业、农业从业者和消费者的广泛关注和高度认可。越来越多的生产者希望生产绿色食品、供应绿色食品，越来越多的消费者希望了解绿色食品、吃上绿色食品。

为了让各级政府和农业农村主管部门、广大生产企业与从业人员、消费者系统了解绿色食品发展概况、生产技术与管理要求、申报流程和制度规范，2019年开始中国绿色食品发展中心组织专家着

① 中华人民共和国农业部，全书简称农业部。2018 年 3 月，国务院机构改革将农业部职责整合，组建中华人民共和国农业农村部，简称农业农村部。

手编制《绿色食品申报指南丛书》，先期已编写出版稻米、茶叶、水果、蔬菜、牛羊和植保六个分卷，2022年完成了《绿色食品现场检查指南》的编写。《绿色食品现场检查指南》是对《绿色食品现场检查工作规范》（2022版）的说明和解读，包括绿色食品概述、绿色食品现场检查工作规范、现场检查案例分析和现场检查报告范本四章，详细介绍了《绿色食品现场检查工作规范》的历次修订情况、主要内容和条款要求，并结合稻米、牛奶、茶叶、水产品、食用菌和蜂产品的现场检查实例，完整再现现场检查的规范操作，给出了加工产品和畜禽产品现场报告范本，力求体现科学性、实操性和指导性，对绿色食品检查员的现场检查工作具有重要指导意义。

《绿色食品申报指南丛书》对申请使用绿色食品标志的企业和从业者有较强的指导性，可作为绿色食品企业、绿色食品内部检查员和农业生产从业者的培训教材和工具书，绿色食品工作人员的工作指导书，也可为关注绿色食品事业发展的各级政府有关部门、农业农村主管部门工作人员和广大消费者提供参考。

中国绿色食品发展中心主任 张华荣

目　录

第一章

绿色食品概述

一、绿色食品概念

（一）绿色食品产生的背景

良好的生态环境、安全优质的食品是人们对美好生活追求的重要内容，是人类社会文明进步的重要体现，国际社会历来关注和重视环境保护和食品安全问题。20世纪80年代末、90年代初，随着我国经济发展和人们生活水平的提高，人们对食品的需求从简单的"吃得饱"向"吃得好""吃得安全""吃得健康"的更高层次转变，同时农业发展开始实现战略转型，向高产、优质、高效方向发展，农业生产和生态环境和谐发展日益受到关注。根据这种形势，农业部农垦部门在研究制订全国农垦经济社会"八五"发展规划时，根据农垦系统得天独厚的生态环境、规模化集约化的组织管理和生产技术等优势，借鉴国际有机农业生产管理理念和模式，提出在中国开发绿色食品。

开发绿色食品的战略构想得到农业部领导的充分肯定和高度重视。1991年，农业部向国务院呈报了《关于开发"绿色食品"的情况和几个问题的请示》。国务院对此做出重要批复（图1-1），明确指出："开发'绿色食品'（无污染食品）对保护生态环境，提高农产品质量，促进食品工业发展，增进人民身体健康，增加农产品出口创汇，都具有现实意义和深远影响……要采取有效措施，坚持不懈地抓好这项开创性的工作，各有关部门要给予大力支持。”

中华人民共和国国务院

国函〔1991〕91号

国务院关于开发
“绿色食品”有关问题的批复

农业部：

你部《关于开发“绿色食品”的情况和几个问题的请示》收悉。现批复如下：

一、开发“绿色食品”（无污染食品）对于保护生态环境、提高农产品质量，促进食品工业发展，增进人民身体健康，增加农产品出口创汇，都具有现实意义和深远影响。这是一项新的工作，我国目前还处在起步阶段。要采取有效措施，坚持不懈地抓好这项开创性的工作，各有关部门要给予大力支持。

二、鉴于“绿色食品”出口涉及的商品种类较多，按有关规定由有经营权的外贸公司出口。经贸及有关部门要为“绿色食品”进入国际市场积极创造条件，提供帮助。

三、中央财政视每年的财力可能，对组织“绿色食品”开发，适当给予事业费支持。

四、你部应会同国家技术监督局等部门，根据国际市场要求，并结合我国的具体情况，制定和完善“绿色食品”标准，以推动“绿色食品”开发工作朝着正规化、标准化的方向发展。

五、有关“绿色食品”开发的科技攻关、基地建设、税收减免等问题，请与国家科委、国家计委、国家农业投资公司和国家税务局等有关部门和单位协商解决。

中华人民共和国国务院

一九九一年十二月二十八日

— 2 —

图1-1　国务院关于开发“绿色食品”有关问题的批复文件

1992年，农业部成立绿色食品办公室，并在国家有关部门的支持下组建了中国绿色食品发展中心，组织开展全国绿色食品开发和管理工作。从此，我国绿色食品事业步入了规范有序、持续发展的轨道。

（二）绿色食品概念、特征和发展理念

绿色食品并不是“绿颜色”的食品，而是对“无污染”食品的一种形象的表述。绿色象征生命和活力，食品维系人类生命，自然资源和生态环境是农业生产的根基，农业是食品的重要来源，由于与生命、资源和环境相关的食物通常冠之以“绿色”，将食品冠以“绿色”，“绿色食品”概念由此产生，突出强调这类食品出自良好的生态环境，并能给人们带来旺盛的生命活力。所以最初绿色食品特指无污染的安全、优质、营养类食品。随着绿色食品事业发展

的不断壮大，制度规范不断健全，标准体系不断完善，其概念和内涵也不断丰富和深化。《绿色食品标志管理办法》规定，绿色食品指产自优良生态环境、按照绿色食品标准生产、实行全程质量控制并获得绿色食品标志使用权的安全、优质食用农产品及相关产品。

绿色食品的概念充分体现了绿色食品的“从土地到餐桌”全程质量控制的基本要求和安全优质的本质特征。按照“从土地到餐桌”全程质量控制的技术路线，绿色食品创建了“环境有监测、生产有控制、产品有检验、包装有标识、证后有监管”的标准化生产模式，并建立了完善的绿色食品标准体系。农业农村部发布的现行有效绿色食品标准共140项，涵盖产地环境、生产技术、产品质量和包装储运4部分标准，突出体现绿色食品促进农业可持续发展、提供安全优质营养食品、提升产业发展水平和促进农民增产增效的发展理念。

（三）绿色食品标志

1990年，绿色食品事业创建之初，开拓者们认为绿色食品应该有区别于普通食品的特殊标识，因此根据绿色食品的发展理念构思设计出了绿色食品标志图形（图1-2）。该图形由3部分构成，上方的太阳、下方的嫩芽和中心的蓓蕾，象征自然生态；颜色为绿色，象征着生命、农业、环保；图形为圆形，意为保护。绿色食品标志图形描绘了一幅明媚阳光照耀下的和谐生机，意欲告诉人们，绿色食品正是出自优良生态环境的安全、优质食品，同时还提醒人们要保护环境，通过改善人与自然的关系，创造自然界新的和谐。

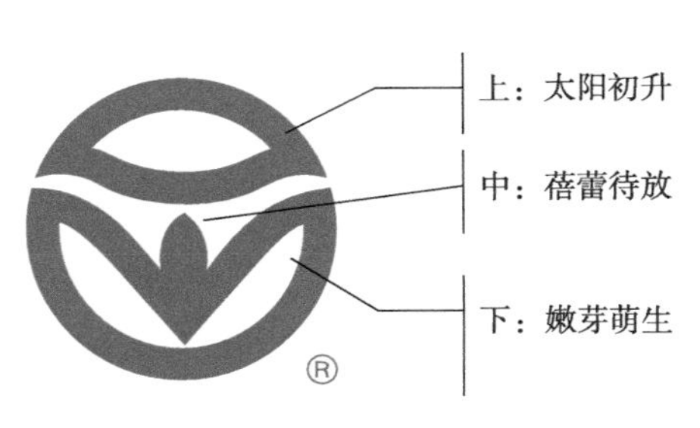

图 1-2　绿色食品标志

1991年，绿色食品标志

经国家工商总局[①]核准注册，1996年又成功注册成为我国首例质量证明商标，受法律的保护。《中华人民共和国商标法》明确规定，经商标局核准注册的商标为注册商标，包括商品商标、服务商标、集体商标和证明商标；商标注册人享有商标专用权，受法律保护。中国绿色食品发展中心是绿色食品证明商标的注册人。根据《绿色食品标志管理办法》，中国绿色食品发展中心负责全国绿色食品标志使用申请的审查、颁证和颁证后跟踪检查工作。

证明商标是指由对某种商品或者服务具有监督能力的组织所控制，而由该组织以外的单位或者个人使用于其商品或者服务，用以证明该商品或者服务的原产地、原料、制造方法、质量或者其他特定品质的标志。

普通商标与证明商标区别

（1）证明商标，注册人必须有检测、监督能力，其他自然人、企业或组织不能注册；普通商标注册人无此要求。

（2）申请证明商标，还要审查公信力、检测监督能力和《证明商标使用管理规则》；普通商标注册人真实合法就可以。

（3）证明商标注册人自身不能使用该商标。

（4）普通商标能不能用，注册人说了算；证明商标使用条件明确公开，达标就能申请使用。

目前，中国绿色食品发展中心在国家知识产权局商标局注册的绿色食品图形、文字和英文以及组合等10种形式（图1-3），包括标准字体、字形和图形用标准色都不能随意修改。同时，绿色食品

① 中华人民共和国国家工商行政管理总局，全书简称国家工商总局。2018 年 3 月，国务院机构改革，将其职责整合，组建中华人民共和国国家市场监督管理总局，全书简称国家市场监管总局；将其商标管理职责整合，重新组建中华人民共和国国家知识产权局，全书简称国家知识产权局。

商标已在美国、俄罗斯、法国、澳大利亚、日本、韩国、中国香港等11个国家和地区成功注册。

图 1-3　绿色食品标志形式

二、绿色食品发展成效

经过30年的发展，我国绿色食品从概念到产品，从产品到产业，从产业到品牌，从局部发展到全国推进，从国内走向国际。总量规模持续扩大，品牌影响力持续提升，产业经济、社会和生态效益日益显现，成为我国安全优质农产品的精品品牌，为推动农业标准化生产、提高农产品质量水平，促进农业提质增效、农民增收脱贫，保护农业生态环境、推进农业绿色发展等发挥了积极示范引领作用。

（一）创立了一个新兴产业

绿色食品建立了以品牌为引领，基地建设、产品生产、市场流通为链接的产业发展体系，产业发展初具规模，水平不断提高。

截至2020年年底，全国有效使用绿色食品标志的企业总数已达19321家，产品总数已达42739个。获证主体包括6208家地市县级以上龙头企业和5900多家农民专业合作组织。产品涵盖农林及加工产品、畜禽类产品和水产类产品等五大类57小类1000多个品种产品。获证绿色食品产品中农林及加工类占比80.3%，水产类占比1.525%，畜禽类占比4.2%，其中，牛、羊肉产品755个，年产量约6.64万吨。全国共建成绿色食品原料标准化生产基地742个，种植面积1.71亿亩[①]，涉及百余种地区优势农产品和特色产品，共带动2247多万个农户发展。绿色食品产地环境监测的农田、果园、茶园、草原、林地和水域面积为1.56亿亩。绿色食品发展总量和产品结构情况如图1-4和图1-5所示。

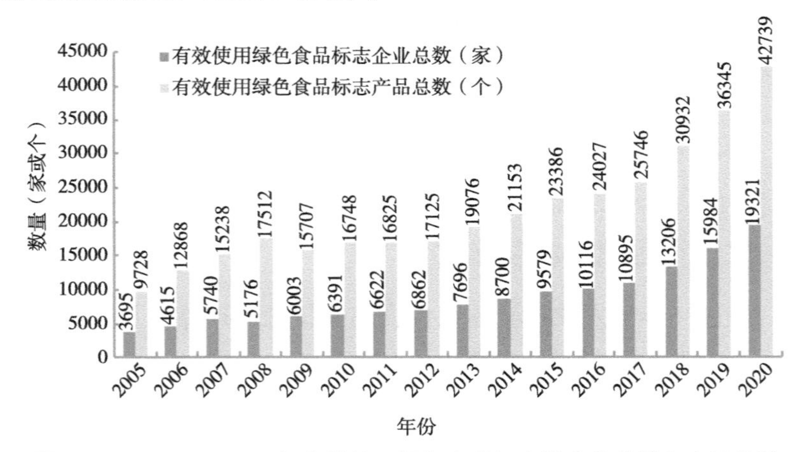

图 1-4　2005—2020 年有效使用绿色食品标志的企业总数和产品总数

① 1 亩≈667 米^2，15 亩 =1 公顷，全书同。

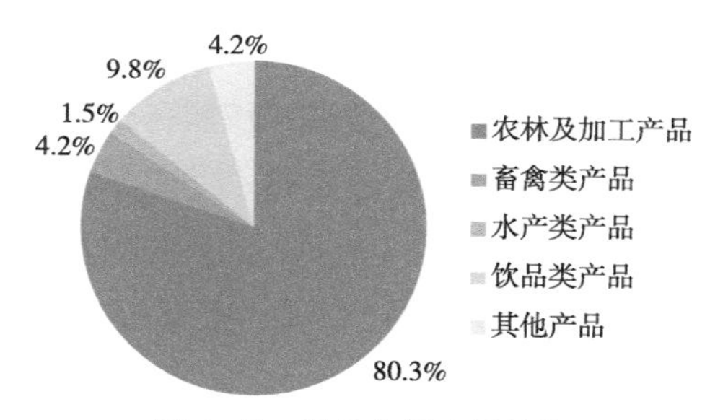

图 1-5　绿色食品产品结构

（二）保护了生态环境，促进了农业可持续发展

绿色食品生产要求选择生态环境良好、无污染的地区，远离工矿区和公路、铁路干线，避开污染源；在绿色食品和常规生产区域之间设置有效的缓冲带或物理屏障，以防绿色食品生产基地受到污染；建立生物栖息地，保护基因多样性、物种多样性和生态系统多样性，以维持生态平衡；要保证基地具有可持续生产能力，不对环境或周边其他生物产生污染。根据2020年中国农业大学张福锁院士团队“绿色食品生态环境效应、经济效益和社会效应评价”课题研究，其生态环境效益主要体现在以下三方面。

1. 减肥减药成效显著，3 类作物呈增产效应

绿色食品生产模式化学氮肥投入量减少39%、化学磷肥投入量减少22%、化学钾肥投入量减少8%，2009—2018年累计减少化学氮肥投入1458万吨；农药使用强度降低60%，2009—2018年累计减少农药投入54.2万吨。与常规种植模式相比，绿色食品生产模式作物产量平均提高11%，其中粮食、蔬菜类及经济作物单产分别增加12%、32%、13%。

2. 有效提高耕地质量、促进土壤健康

土壤有机质、全氮、有效磷和速效钾含量分别提高17.6%、14.1%、38.5%和27.1%。种植绿色食品10年后，土壤有机质、全

氮、有效磷和速效钾分别增加31%、4.9%、42%和32%。

3. 减排效果显著，大幅提升生态系统服务价值

2009—2018年，氨挥发累计减排98.42万吨，硝酸盐（NO_3^-）淋洗减少61.98万吨，一氧化二氮（N_2O）减排4.29万吨，温室气体减排5558万吨。2009—2018年，绿色食品生产模式累计创造生态系统服务价值32059亿元。

（三）构建了具有国际先进水平的标准体系

经过近30年的探索和实践，绿色食品从安全、优质和可持续发展的基本理念出发，立足打造精品，满足高端市场需求，创建并落实“从土地到餐桌”的全程质量管理模式，建立了一套定位准确、结构合理、特色鲜明的标准体系，包括产地环境质量标准、生产过程标准、产品质量标准、包装与储运标准4个组成部分，涵盖了绿色食品产业链中各个环节标准化要求。绿色食品标准质量安全要求达到国际先进水平，一些安全指标甚至超过欧盟、美国、日本等发达国家与地区水平。目前农业农村部累计发布绿色食品标准297项，现行有效标准140项。绿色食品标准体系为指导和规范绿色食品的生产行为、质量技术检测、标志许可审查和证后监督管理提供了依据和准绳，为绿色食品事业持续健康发展提供了重要技术支撑。同时也为不断提升我国农业生产和食品加工水平树立了“标杆”。

（四）促进了农业生产方式转变，带动了农业增效、农民增收

绿色食品申请人需能独立承担民事责任，具有稳定的生产基地，因此，发展绿色食品需将一家一户的农业生产集中组织起来，组成企业组织模式或合作社模式。绿色食品促进了粗放型、散户型、人力化农业生产向规范化、集约化和智能机械化生产转变，不仅保证了农产品的质量，保护生态环境，还带动了农业增效、农民增收。张福锁院士的调查研究显示，70%以上的绿色食品企业管理者认为发展绿色食品有利于其产品、价格、渠道和促销升级，企业年产值增加50.3%，农户收入增加43%，企业通过发展绿色食品，实现了产品质量不断提升，经济效益稳步增加的“双赢”局面。在产业扶贫工作中，绿色食品也发挥了重要作用，2016—2020年绿色食品累计支持国家级贫困县以及新疆①、西藏②等地区的5154个企业发展了11351个绿色食品产品。根据对河北、吉林、河南、湖南、贵州、云南、西藏、甘肃8省（区）调研数据，发展绿色食品带动贫困地区近56万个贫困户脱贫，年收入户均增加约7000元。

三、绿色食品市场发展

市场是绿色食品发展的根本动力，是实现绿色食品品牌价值的基本平台。多年来，绿色食品面向国际国内两个市场，加强品牌的深度宣传，加大市场服务力度，搭建多渠道营销体系，不断提升品牌的认知度和公信度，提升品牌的竞争力和影响力，使绿色食品始终保持“以品牌引领消费、以消费拓展市场、以市场拉动生产”持续健康发展的局面。

（一）绿色食品消费调查分析

经过多年发展，绿色食品已得到公众的普遍认可，消费者对绿色食品品牌的认知度已超过80%，绿色食品已成为我国最具知名度和影响力的品牌之一，满足了人们对安全、优质、营养类食品的需求。

华商传媒研究所2015年对来自全国15个副省级以上城市和4个直辖市的6000名消费者问卷调查进行分析，结果显示，2014年

---

① 新疆维吾尔自治区，全书简称新疆。

② 西藏自治区，全书简称西藏。

有87.77%的人“购买过”绿色食品，选择“没有购买过”的仅占4.33%，另外还有7.90%的人表示“不清楚”（图1-6）。

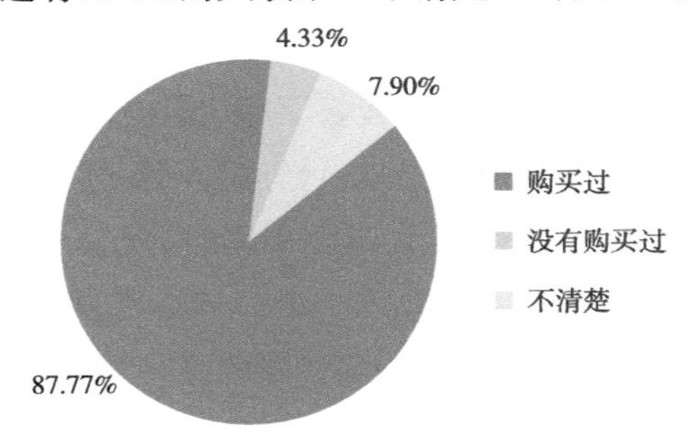

图 1-6　绿色食品购买情况调查

在对消费者购买绿色食品主要基于哪些方面考虑的调查中，受访者认为“无污染，对健康有利”是其选择绿色食品的主要原因，占81.85%；基于“担心市面上的食品不安全”考虑的受访者占58.15%；选择“主要是买给孩子吃”和“营养价值高”的比例接近，分别为33.18%和32.98%（图1-7）。

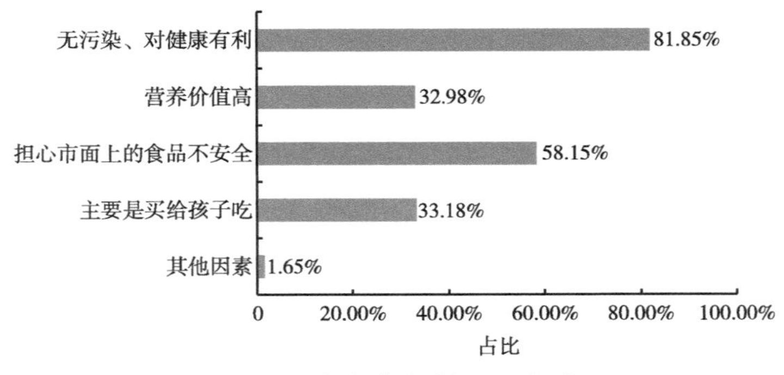

图 1-7　绿色食品选择原因调查

调查结果显示，“过去一年居民家里购买绿色食品的频率”在“10次以上/年”的受访者占40.88%，23.85%的受访者选择“3～5次/年”，“未购买过”的比例为3.82%（图1-8）。

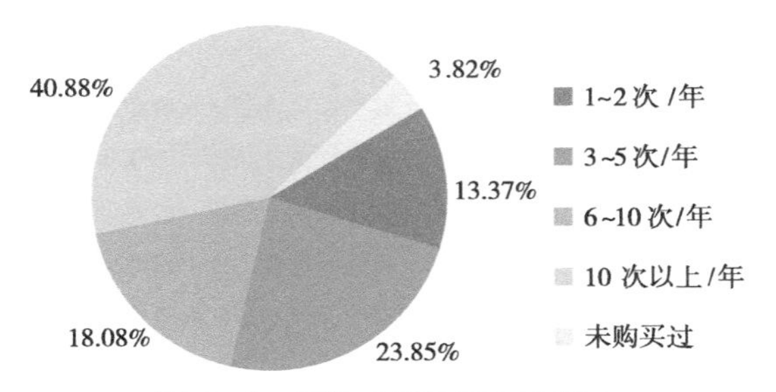

图1-8　绿色食品购买频率调查

在“居民所在城市的绿色食品专营店数量”一题中，调查结果显示，60.61%的受访者选择“大型超市有专柜”，16.92%的受访者表示“未关注过”（图1-9）。

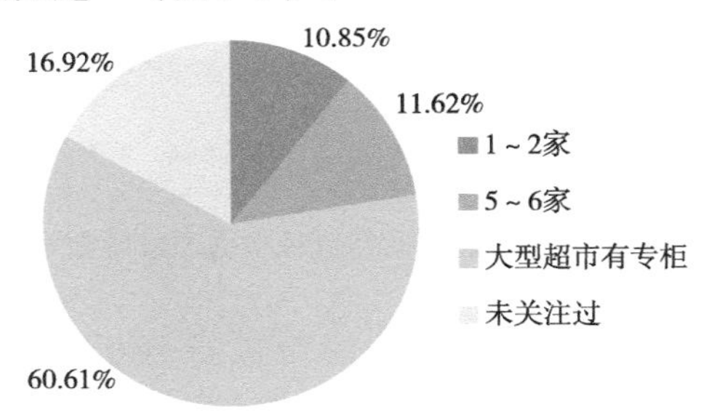

图1-9　绿色食品专营店数量调查

对于绿色食品价格的调查中，48.72%的受访者能接受比一般商品高30%以下；40.58%的受访者接受比一般商品高30%～50%；对于绿色食品高于一般商品价格80%以上，受访者基本不接受（图1-10）。

在对待绿色食品的态度上，68.77%的受访者表示“为了健康，偶尔会选择绿色食品”，21.95%的受访者表示“即使价格贵很多，也倾向于购买绿色食品”，6.55%的受访者称“价格太高，不太会购买绿色食品”，另有2.73%的受访者认为“是否是绿色食品无所谓”（图1-11）。

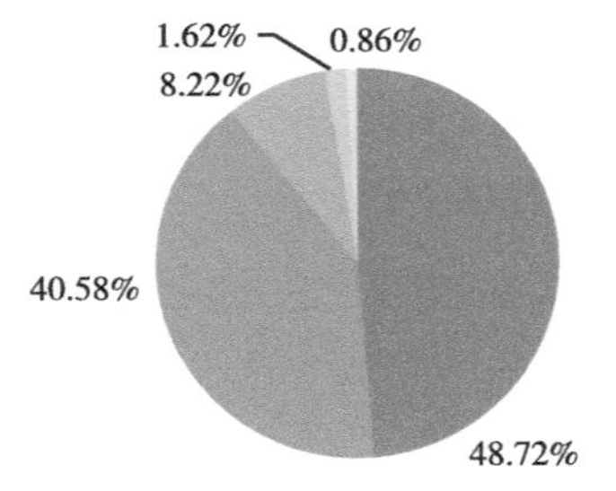

图 1-10　绿色食品价格调查

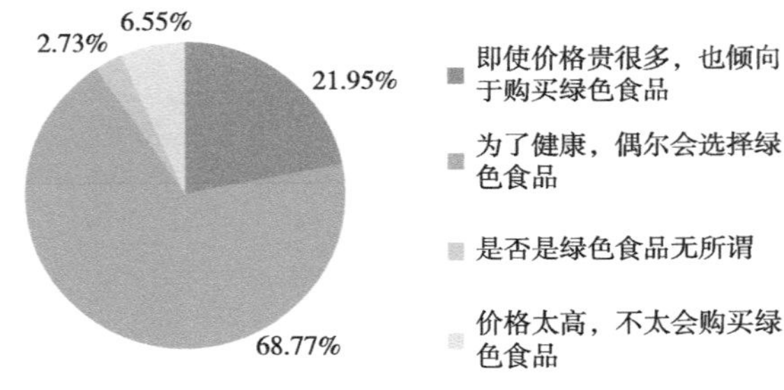

图 1-11　居民对待绿色食品态度调查

在对特定人群的绿色食品消费进行分析后，结果显示：① 男、女购买绿色食品比例基本相同；② 老年人和高素质人群更注重食品健康和饮食安全；③ 高学历人群更注重下一代健康；④ 高学历、高收入群体是绿色食品消费的主力人群；⑤ 消费者承受的价格区间是比普通食品价格高50%以下。

（二）绿色食品销售情况

随着人们生活水平的不断提升，绿色食品供给能力的不断提升，绿色食品国内外销售额逐年攀升。目前，在国内部分大中城市，绿色食品通过专业营销机构和电子商务平台进入市场，一大批大型连锁经营企业设立了绿色食品专店、专区和专柜。中国绿色食品博览会已成功举办21届，吸引了大量国内外的生产商和专业采购商，成为产销对接、贸易合作和信息交流的重要平台（图1-12至图1-16）。

图 1-12 第二十一届中国绿色食品博览会暨第十四届中国国际有机食品博览会在厦门举办

图 1-13 第二十一届中国绿色食品博览会内蒙古[1]展区

图 1-14 第二十一届中国绿色食品博览会广西[2]展区

图 1-15 第二十一届中国绿色食品博览会扶贫展区

图 1-16 第二十一届中国绿色食品博览会山西展区

① 内蒙古自治区，全书简称内蒙古。

② 广西壮族自治区，全书简称广西。

绿色食品国内销售额从1997年的240亿元发展到2020年的5075亿元，出口额从1997年的7000多万美元，发展到2020年的36.78亿美元（图1-17和图1-18）。

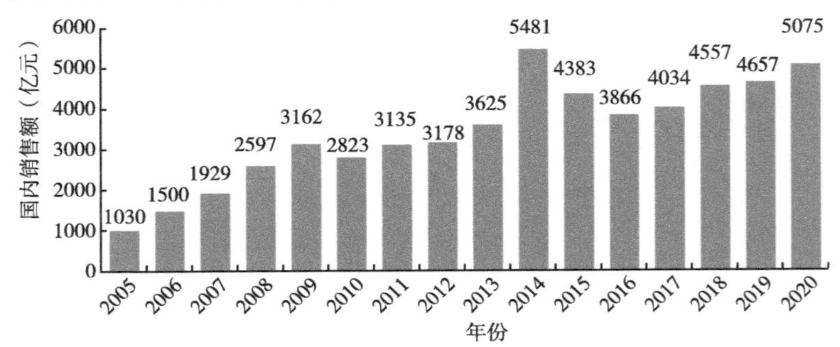

图 1-17　2005—2020 年绿色食品产品国内销售额

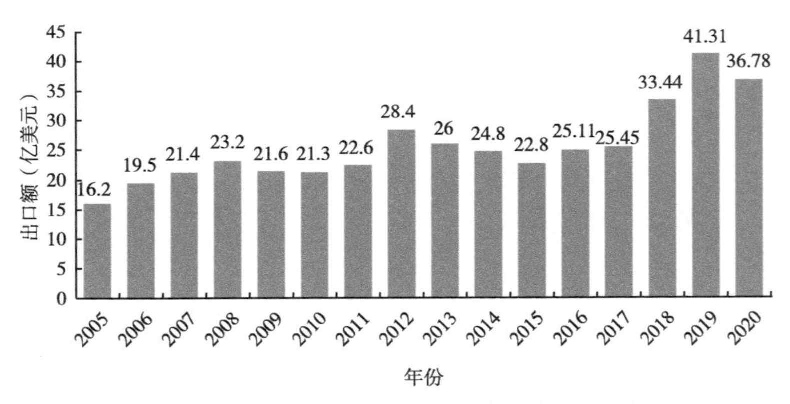

图 1-18　2005—2020 年绿色食品产品出口额

四、绿色食品发展前景展望

（一）政策支持

发展绿色食品得到党和政府的高度重视和大力支持。习近平总书记在福建工作时就强调："绿色食品是21世纪的食品，很有市场前景，且已引起各级政府和主管部门的关注，今后要在生产研发、生产规模、市场开拓方面加大力度。”在2017年全国“两会”上，习近平总书记在参加四川省代表团审议时指出：“要坚持市场需求导向，主攻农业供给质量，注重可持续发展，加强绿色、有机、无公害农产品供给。”

2004年以来，中央一号文件8次提出要大力发展绿色食品。

2020年：继续调整优化农业结构，加强绿色食品、有机农产品、地理标志农产品认证和管理，打造地方知名农产品品牌，增加绿色农产品供给。

2017年：支持新型农业经营主体申请“三品一标”[①]认证，加快提升国内绿色、有机农产品认证的权威性和影响力。

2010年：加快农产品质量安全监管体系和检验检测体系建设，积极发展无公害农产品、绿色食品、有机农产品。

2009年：加快农业标准化示范区建设，推动龙头企业、农业专业合作社、专业大户等率先实行标准化生产、支持建设绿色和有机农产品生产基地。

2008年：积极发展绿色食品和有机食品，培育名牌农产品，加强农产品地理标志保护。

2007年：搞好无公害农产品、绿色食品、有机食品认证，依法保护农产品注册商标、地理标志和知名品牌。

2006年：加快建设优势农产品产业带，积极发展特色农业、绿色食品和生态农业、保护农产品品牌。

2004年：开展农业投入品强制性产品认证试点，扩大无公害、绿色食品、有机食品等优质农产品的生产和供应。

---

① “三品一标”指绿色食品、有机产品、无公害农产品及农产品地理标志。

（二）产业扶持

近年来，为贯彻绿色发展理念，推动农业农村经济高质量发展，我国加快构建推进农业绿色发展的政策体系。2016年农业部与财政部[①]联合印发了《建立以绿色生态为导向的农业补贴制度改革方案》，加快推动相关农业补贴政策改革，把政策目标由数量增长为主转到数量、质量与生态并重上来。围绕推进农业绿色发展“五大行动”，2017年，财政部和国家发展改革委[②]安排资金，支持耕地轮作休耕制度试点、绿色高效技术服务、农业面源污染防治、有机肥替代化肥试点、畜禽粪污资源化利用试点等。安排资金，支持耕地保护与质量提升、黑土地保护利用、农作物秸秆综合利用、草原生态保护补助奖励、渔业增殖放流等，建立多元化生态保护补偿机制。2017年，中共中央办公厅、国务院办公厅印发了《关于创新体制机制推进农业绿色发展的意见》，意见要求完善农业生态补贴制度，有效利用绿色金融激励机制，探索绿色金融服务农业绿色发展的有效方式，加大绿色信贷及专业化担保支持力度，创新绿色生态农业保险产品。同年，农业部会同中国农业银行发布了《关于推进金融支持农业绿色发展工作的通知》，提出聚焦农业绿色发展和绿色金融，加快构建多层次、广覆盖、可持续的农业绿色发展金融服务体系。

农业产业化龙头企业、农民专业合作社、家庭农场是绿色食品发展的主体。2017年中央一号文件要求，支持新型农业经营主体申请“三品一标”认证，加快提升国内绿色、有机农产品认证的权威性和影响力。为促进现代农业产业体系、生产体系、经营体系建设，中共中央办公厅、国务院办公厅国办印发了《关于加快构建政

---

① 中华人民共和国财政部，全书简称财政部。

② 中华人民共和国国家发展和改革委员会，全书简称国家发展改革委。

策体系 培育新型农业经营主体的意见》。农业部认真贯彻落实中央文件精神，立足实施乡村振兴战略，依托农业绿色发展“五大行动”和“质量兴农八大行动”，为新型农业经营主体发展“三品一标”创造政策、法律、技术、市场等环境和条件，特别针对突出困难，会同有关部门重点在金融、保险、用地等方面加大政策创设力度，引导新型农业经营主体多元融合发展、多路径提升规模经营水平、多模式完善利益分享机制以及多形式提高发展质量。2017年，中央财政安排补助资金14亿元专门用于支持合作社和联合社，重点支持制度健全、管理规范、带动力强的国家示范社，发展绿色生态农业，开展标准化生产，突出农产品加工、产品包装、市场营销等关键环节，进一步提升自身管理能力、市场竞争能力和服务带动能力。

绿色食品发展契合当前国家生态文明建设、农业绿色发展、质量兴农、乡村产业振兴等时代发展主题，是满足人们对美好生活需求的重要支撑，是农业增效、农民增收的重要途径，具有广阔的发展前景，未来必将成为农业绿色发展的标杆、品牌农业发展的主流。

第二章 绿色食品现场检查工作规范

一、修订说明

（一）历次版本情况

《绿色食品现场检查工作规范》是为规范绿色食品检查员实施绿色食品现场检查工作制定的制度文件。在绿色食品发展历程中，绿色食品现场检查工作规范共经历了两次较为系统的制定和修订。2003年，中国绿色食品发展中心发布《绿色食品认证制度汇编》和《绿色食品检查员工作手册（试行）》（〔2003〕中绿字第148号），形成比较完整的绿色食品认证检查制度，明确了绿色食品现场检查程序、方法及要求，为绿色食品现场检查工作提供重要依据。2012年农业部修订颁布了《绿色食品标志管理办法》（农业部令2012年第6号）。为进一步规范绿色食品现场检查工作，提高现场检查质量和效率，2014年12月26日，中国绿色食品发展中心制定发布了《绿色食品现场检查工作规范》，进一步完善了现场检查程序和工作要求，细化完善了种植、畜禽、加工、水产、食用菌、蜂产品等现场检查要点与要求，明确了现场检查不合格、限期整改和合格的情况及现场检查报告撰写要求。《绿色食品现场检查工作规范》的制定和实施为规范绿色食品现场检查工作提供依据，为保障绿色食品现场检查工作规范性、科学性、有效性，推进绿色食品健康高质量发展发挥重要作用。

新时代，高质量发展是中国农业绿色发展的最强音，绿色食品发展战略已逐步由总量扩张向总量增加和质量提升并重转变。为适应当前新形势、新要求，中国绿色食品发展中心根据近些年绿色食品发展形势、新标准要求及工作实际，对《绿色食品现场检查工作规范》进行修订，为各级工作机构和检查员规范开展绿色食品现场检查工作提供指导，为助推绿色食品高质量发展提供制度保障。

根据工作安排，中国绿色食品发展中心于2020年下半年启动《绿色食品现场检查工作规范》修订工作。历经近一年时间，经广泛收集资料、充分调研、多次讨论，起草完成了《绿色食品现场检查工作规范（征求意见稿）》，并向省级工作机构征求意见，在综合各方意见基础上，形成了《绿色食品现场检查工作规范》正式文本。

（二）主要变化

2021版《绿色食品现场检查工作规范》较2014版的主要变化如下。

第一，基本保留了文本框架结构，为适应新发展、新要求，对原规范内容进行整理、补充和完善。修订后《绿色食品现场检查工作规范》分为总则、现场检查程序、现场检查要点和要求、现场检查报告、附则五章二十四条。

第二，增加了绿色食品线上远程检查方式。因不可抗力无法现场实施线下实地检查的，省级工作机构应向中国绿色食品发展中心申请线上远程检查，经中国绿色食品发展中心确认后组织实施，并在具备现场检查条件时补充实地检查。

第三，进一步完善、优化现场检查程序。现场检查程序包括现场检查准备、现场检查实施、提交相关材料等，检查员应严格按照现场检查程序组织实施现场检查工作。增加了制订现场检查计划这一环节，检查组在现场检查实施前应跟申请人充分沟通，了解生产情况，明确人员分工、检查内容和日程安排，制订详细的现场检查计划，附于《绿色食品现场检查通知书》一并发于申请人；明确管理层沟通环节，检查员应重视与申请人管理层沟通，现场检查实施时，检查组应将现场检查意见先与申请人管理层沟通，特别是检查意见倾向于申请人本次申请不符合绿色食品相关要求时，检查组应与管理层充分沟通，达成一致意见，不一致的以检查组意见为准。

第四，修订和完善了种植、畜禽、加工、水产、食用菌、蜂产品等现场检查要点与要求。增加对营业执照、食品生产许可证、商标注册证、国家农产品质量安全追溯管理信息平台注册完成证明、绿色食品内部检查员（以下简称内检员）证书等资质证明文件的现场审查与核实；修订和完善了产地环境现场检查要点和要求；修订和完善了绿色食品包装、储藏运输现场检查要点和要求。

第五，进一步明确现场检查报告撰写要求。

第六，修订完善了种植、养殖、加工、水产、食用菌和蜂产品等现场检查报告检查项目和检查内容，进一步明确了需要判断评价和描述评价的检查内容。

第七，增加了绿食品现场检查通知书、绿色食品现场检查会议签到表、绿色食品现场检查发现问题汇总表、现场检查照片、绿色食品现场检查意见通知书等其他绿色食品现场检查材料要求。

二、现场检查程序

现场检查是指经中国绿色食品发展中心核准注册且具有相应专业资质的绿色食品检查员依据绿色食品技术标准和有关法规对绿色食品申请人提交的申请材料、产地环境、产品生产等实施核实、检查、调查、风险分析和评估并撰写检查报告的过程。现场检查工作包括现场检查准备、现场检查实施和提交相关材料等过程。现场检查是检查员深入了解申请人生产实际，落实绿色食品“环境有监测、操作有规程、生产有记录、产品有检验、上市有标识”全程质量控制的重要一环，检查员在实施现场检查工作时应遵循依法依规、科学严谨、公正公平和客观真实的原则，保证绿色食品现场检查工作的规范性。

（一）现场检查准备

现场检查人员 组织现场检查的工作机构根据申请产品类别及生产规模，委派两名（含）以上具有相应专业资质的检查员，必要时可配备相应专业领域的技术专家，组成检查组实施现场检查。跨省级行政区域委托现场检查的应向中国绿色食品发展中心备案，境外现场检查由中国绿色食品发展中心组织实施。

现场检查时间 检查时间应安排在申请产品生产、加工期间的高风险阶段，不在生产、加工期间的现场检查为无效检查。现场检查应覆盖所有申请产品，因生产季节等原因未能覆盖的，应实施补充检查。

现场检查计划 检查组应根据申请人材料和产品生产情况，制订详细现场检查计划。检查组应与申请人沟通确定检查时间、检查要点、参会人员和检查人员分工等，根据生产规模、基地距离及工艺复杂程度等情况确定工作时长，原则上不少于1个工作日。

现场检查通知 检查组应在现场检查前3个工作日将现场检查通知及现场检查计划发送申请人。申请人应签字确认收到通知，做好人员、档案材料等相关准备，配合现场检查工作。

现场检查资料和物品准备 检查员准备绿色食品相关标准规范、国家有关法律法规等文件，现场需要填写的表格文件，以及相机或手机等拍照设备。

（二）现场检查实施

现场检查包括首次会议、实地检查、随机访问、查阅文件（记录）、管理层沟通和总结会等环节。检查员对现场检查各环节、重要场所、文件记录等进行拍照、复印和实物取证，做好检查记录。

1. 首次会议

首次会议由检查组长主持，申请人主要负责人、绿色食品生产负责人、各生产管理部门负责人及技术人员、内检员参加。检查组向申请人介绍检查组成员，说明检查目的、依据、范围、内容及检查安排等，与申请人进一步沟通检查计划，明确申请人需要配合的工作；申请人介绍企业组织管理情况，申请产品的产地环境和生产管理情况等，确定陪同检查人员。参会人员应签到，检查员向申请人作出保密承诺。

2. 实地检查

实地检查是指检查组在申请人生产现场对照检查依据和申请材料，对绿色食品产地环境，生产、收获、加工、包装、仓储和运输等全过程及其场所进行现场核实和风险评估。

产地环境调查　检查组依据《绿色食品　产地环境调查、监测与评价规范》（NY/T 1054）标准要求，采用资料收集、资料核查、现场查勘、人员访谈或问卷调查等多种形式，组织实施环境质量现状调查。调查内容应包括自然地理、气候气象、水文状况、土地资源、植被及生物资源、农业生产方式、生态环境保护措施等。根据调查、了解、掌握的资料情况，对申请产品及其原料生产基地的环境质量状况进行初步分析，作出关于绿色食品发展适宜性的评价。

实地检查重点　申请人种植基地、养殖基地、生产车间、库房等场所及其周边产地环境状况；绿色食品生产、加工、包装、储运等全过程及其场所环境和产品情况；肥料、农药、兽药、渔药、饲料及饲料添加剂、食品添加剂等生产投入品存放及使用情况；作物病虫草害防治管理，动物疾病治疗与预防管控情况。

实地检查范围　涉及多个种植和养殖基地的，应根据申请人基地数（以村为单位）、地块数（以自然分布的区域划分）和农户数，采用$\sqrt{n}$取整的方法（n代表样本数）确定抽样数量，随机进行检查和调查。

3. 随机访问

现场检查过程中，检查员通过对农户、生产技术人员、内检员等进行随机访问，核实申请人生产过程中对绿色食品相关技术标准的执行情况，申请人材料与生产实际的符合性。

4. 查阅文件（记录）

检查员通过现场查阅文件（记录），了解核实申请人生产全过程质量控制规范的制定和执行情况。查阅内容包括：① 营业执照、食品生产许可等资质证明文件原件。② 质量控制规范、生产操作规程等质量管理制度文件。③ 基地来源、原料来源等相关证明文件，包括土地权属证明、基地清单、农户清单、合同（协议）、购销凭证等。④ 生产和管理记录文件，包括投入品购买和使用记录、销售记录、培训记录等。⑤ 产品预包装设计样张（如涉及）及中国绿色食品发展中心要求的其他文件。

5. 管理层沟通

检查组对申请人质量管理体系、产地环境、生产管理、投入品管理及使用、产品包装、储藏运输等情况进行评价，通过检查组内部沟通形成现场检查意见。如申请人产地周边有污染源、禁用物质或不明成分投入品使用迹象，或申请人存在平行生产、生产经营组织模式混乱等情况，检查组还应进行风险评估。检查组现场检查意见应先与申请人管理层进行沟通，特别是检查意见倾向于申请人本次申请不符合绿色食品相关要求时，检查组应与管理层充分沟通，达成一致意见，不一致的以检查组意见为准。

6. 总结会

总结会由检查组长主持。检查组长向申请人通报现场检查意见、整改内容及依据。申请人可对现场检查意见进行解释和说明，对有争议的，双方可进一步核实。

（三）提交相关材料

现场检查完成后10个工作日内，检查组应将绿色食品现场检查报告（附录1至附录6）、绿色食品现场检查会议签到表（附录7）、绿色食品现场检查发现问题汇总表（附录8）、绿色食品现场检查照片和申请人整改落实材料提交至组织现场检查的工作机构，与绿色食品现场检查通知书（附录9）和绿色食品现场检查意见通知书（附录10）一并存档。

三、现场检查要点与要求

绿色食品产品分为种植产品、畜禽产品、加工产品、水产品、食用菌及蜂产品六大类别，每个类别产品现场检查要点、要求和遵循标准不尽相同。《绿色食品现场检查工作规范》分别对六大类别的产品现场检查要点和要求进行了梳理和汇总。

（一）种植产品现场检查

检查组应对申请人的基本情况、质量管理体系运行情况，以及种植产品的产地环境、种子（种苗）处理、作物栽培与土壤培肥、病虫草害防治、采后处理和包装储运等实际生产情况进行现场检查核实。

1. 基本情况

核实申请人资质　现场审查核实申请人资质证明文件原件：①申请人营业执照注册日期不少于一年，经营范围涵盖申请产品类别，未被列入经营异常名录、严重违法失信企业名单，申请前3年或用标周期（续展）内无质量安全事故和不良诚信记录。② 商标注册证书中注册人应与申请人一致，不一致的应核查商标使用权证明材料，核定使用商品类别应涵盖申请产品。③ 在国家农产品质量安全追溯管理信息平台完成注册。④ 内检员应挂靠在申请人且内检员证书在有效期内。

检查种植基地及产品　核实申请人基地位置及土地权属情况，基地面积和申请产品地块分布，生产组织形式；核实委托种植合同（协议）及购销凭证。

2. 质量管理体系

质量控制规范　质量控制规范科学合理，制度健全，涵盖了绿色食品生产的管理要求；基地管理制度应包括人员管理、种植基地管理、档案记录管理、绿色食品标志使用管理等制度，且应“上墙”或在醒目地方公示，并有效落实。

生产操作规程　生产操作规程应包括种子（种苗）处理、土壤培肥、病虫草害防治、收获处理、包装与储运等；生产操作规程应符合绿色食品标准要求并有效实施；轮作、间作、套作等栽培计划合理且不影响申请产品质量安全。

产品质量追溯　申请人应具备组织管理绿色食品产品生产和承担责任追溯的能力，建立产品质量追溯体系并实现产品全程可追溯，建立产品内检制度并保存内检记录；核查可追溯全过程的上一周期或用标周期（续展）的生产记录；核查产品检验报告或质量抽检报告。

3. 产地环境质量

自然环境　调查自然地理、气候气象、水文状况、土地利用情况、耕地类型、耕作方式、农业种植结构、生物多样性，了解当地自然灾害种类、生态环境保护措施等。

周边环境及污染源 绿色食品种植生产产地应位于生态环境良好，无污染的地区，应距离公路、铁路、生活区50米以上，距离工矿企业1千米以上，避开工业污染源、生活垃圾场、医院、工厂等污染源。

保护措施 建立生物栖息地，保护基因多样性、物种多样性和生态系统多样性，以维持生态平衡。

隔离 绿色食品种植区应有明显的区分标识，绿色食品和非绿色食品种植区域之间应设置有效的缓冲带或物理屏障，防止绿色食品生产产地受到污染；可在绿色食品种植区边缘5～10米处种植树木作为双重篱墙，隔离带宽度8米左右，隔离带种植缓冲作物。

可持续生产能力 种植区应具有可持续生产能力，不对环境或周边其他生物产生污染。

灌溉用水 检查灌溉用水（如涉及）来源，以及灌溉、节水设施情况。灌溉水来源不应存在污染源或潜在污染源。

检测项目 对环境检测项目（空气、土壤和灌溉用水）和免检条件进行现场核实。

4. 种子（种苗）

品种与来源 核查种子（种苗）品种、来源，查看外购种子（种苗）购买发票或收据。

预处理 核查种子（种苗）的预处理方法。包衣剂、处理剂等物质应符合《绿色食品　农药使用准则》（NY/T 393）要求。

多年生作物 嫁接用的砧木、实生苗、扦插苗（无性苗）应有明确的来源，预处理方法和使用物质应符合《绿色食品　农药使用准则》（NY/T 393）要求。

5. 作物栽培与土壤培肥

栽培模式及周边作物 了解栽培模式及周边作物种植情况，轮作、间作、套作等栽培计划符合生产实际且不影响申请产品质量安全。栽培计划应有利于土壤健康，维持或改善土壤有机质、肥力、生物活性、土壤结构与健康，减少土壤养分的损失。

土壤肥力与改良 了解种植区土壤类型及肥力状况，了解土壤肥力的恢复方式（秸秆还田、种植绿肥和农家肥的使用等）、土壤障碍因素及土壤改良剂的使用情况。

肥料使用 肥料使用应遵循土壤健康原则、化肥减控原则、合理增施有机肥原则、补充中微量养分原则、安全优质原则、生态绿色原则。肥料的种类、来源、用量等应符合《绿色食品 肥料使用准则》（NY/T 394）要求。① 检查商品有机肥、商品微生物肥料来源、成分、施用方法、施用量和施用时间，检查购买发票或收据等凭证。② 检查有机—无机复混肥、无机肥料、土壤调理剂等的来源、成分、使用方法、施用量和施用时间，检查购买发票或收据等凭证。③ 检查农家肥料种类、堆制方法、堆制条件及施用量，使用方式不应对地表或地下水造成污染。④ 确认当季作物无机氮肥、无机磷钾肥种类及用量，核算当季作物无机氮素施用量。⑤ 检查肥料使用记录，记录应包括地块、作物名称与品种、施用日期、肥料名称、施用量、施用方法和施用人员等。核实现场检查的实际情况与记录的一致性。

6. 病虫草害防治

当地病虫草害情况 调查当地常见病虫草害的发生规律、危害程度及防治方法。

申请产品病虫草害发生与防治情况 ① 调查核实申请产品当季病虫草害的发生情况，申请人采取的农业、物理、生物防治措施及效果。② 检查种植区地块及周边、生产资料库房、记录档案，使用农药的种类、使用方法、用量、使用时间、安全间隔期等应符合《绿色食品 农药使用准则》（NY/T 393）要求。

农药使用记录 检查农药使用记录，记录应包括地块、作物名称和品种、使用日期、药名、使用方法、使用量和使用人员等。核实现场检查的实际情况与记录的一致性。

7. 采后处理

收获 了解收获方法、工具，检查收获记录。

采后处理 了解采后处理方式，涉及清洗的，了解加工用水来源；涉及初加工的，检查加工厂区环境、卫生情况，了解加工流程，投入品使用应符合《绿色食品 食品添加剂使用准则》（NY/T 392）、《绿色食品 农药使用准则》（NY/T 393）、《食品安全国家标准 食品添加剂使用标准》（GB 2760）等标准的要求。

8. 包装与储运

核查产品包装方式和包装材料 核实包装材料来源、材质，包装材料应符合《绿色食品 包装通用准则》（NY/T 658）要求，可重复使用或回收利用，包装废弃物应可降解。

检查产品包装标签和绿色食品标志设计 包装标签标识内容应符合《食品安全国家标准 预包装食品标签通则》（GB 7718）等标准的要求，绿色食品标志设计应符合《中国绿色食品商标标志设计使用规范手册》要求，产品名称、商标、生产商名称等应与申请书一致。续展申请人还应检查绿色食品标志使用情况，包装标签中生产商、商品名、注册商标等信息应与上一周期绿色食品标志使用证书中一致。

产品储藏运输过程 应符合《绿色食品 储藏运输准则》（NY/T 1056）要求。① 绿色食品应设置专用库房或存放区并保持洁净卫生；根据种植产品特点、储存原则及要求，选用合适的贮存技术和方法。② 储藏设施应具有防虫、防鼠、防鸟的功能，防虫、防鼠、防潮、防鸟等用药应符合《绿色食品 农药使用准则》（NY/T 393）要求。③ 运输工具在运输绿色食品之前应清理干净，必要时要进行灭菌消毒处理，防止与非绿色食品混杂和污染。④ 绿色食品不应与化肥、农药等化学物品及其他任何有害、有毒、有气味的物品一起运输。⑤ 检查仓储和运输记录，记录应记载出入库产品和运输产品的地区、日期、种类、等级、批次、数量、质量、包装情况及运输方式等，确保可追溯、可查询。

9. 废弃物处理及环境保护措施

检查农业污水、化学投入品包装袋、农业废弃物等处理情况及环境保护措施。

10. 风险评估

对现场检查过程中发现问题进行风险评估。重点评估申请人质量管理体系运行中的管理风险，生产操作规程执行中的人员操作风险，肥料、农药等投入品不符合绿色食品标准要求的违规使用风险，作物生产过程中对周边环境的污染风险。

（二）畜禽产品现场检查

检查组应对申请人的基本情况和质量管理体系运行情况，以及养殖基地环境、畜禽来源、饲料使用、饲养管理、消毒和疾病防治、畜禽出栏或产品收集、废弃物处理、包装和储运等实际生产情况进行现场检查核实。

1. 基本情况

核实申请人资质　现场审查核实申请人资质证明文件原件：① 申请人营业执照注册日期不少于1年，经营范围涵盖申请产品类别，未被列入经营异常名录、严重违法失信企业名单，申请前3年或用标周期（续展）内无质量安全事故和不良诚信记录。② 商标注册证书中注册人应与申请人一致，不一致的应核查商标使用权证明材料，核定使用商品类别应涵盖申请产品。③ 动物防疫条件合格证、定点屠宰许可证等名称应与申请人或被委托方名称一致，经营范围应涵盖申请产品相关的生产经营活动。④ 在国家农产品质量安全追溯管理信息平台完成注册。⑤ 内检员应挂靠在申请人且内检员证书在有效期内。

养殖基地及产品 核实申请人养殖基地位置及面积，基地权属来源；核实申请人畜禽养殖品种、规模、饲养方式、生产组织形式、养殖周期等情况；核查放牧基地载畜（禽）量与基地植被承受力情况；核实放养基地的可持续生产能力及对周边生态环境的影响。

委托生产情况 申请人涉及饲料委托种植和委托屠宰加工的，应检查种植和加工的委托生产情况，核实委托生产合同。

2. 质量控制体系

质量控制规范 质量控制规范应涵盖绿色食品生产的管理要求；养殖基地管理制度应包括人员管理、档案记录管理、饲料供应与加工、养殖过程管理、疾病防治、畜禽出栏及产品收集管理、仓储运输管理、绿色食品生产与非绿色产品生产区分管理、绿色食品标志使用管理等，管理制度应在实际生产中有效落实，相关制度和标准应在基地内公示。

生产操作规程 生产操作规程应包括品种来源、饲养管理、疾病防治、场地消毒、无害化处理、畜禽出栏及产品收集、产品初加工、投入品管理、包装、储藏、运输等内容。

产品质量追溯 申请人应具备组织管理绿色食品产品生产和承担责任追溯的能力，建立产品质量追溯体系并实现产品全程可追溯，建立产品内部检查制度并保存内部检查记录；核查可追溯全过程的上一周期或用标周期（续展）的生产记录；核查产品检验报告或质量抽检报告。

3. 养殖基地环境质量

自然环境 调查养殖基地自然环境，了解养殖基地地形地貌，申请人养殖模式；核实放牧基地的草场类型、草种构成，基地载畜（禽）量和承载能力。

周边环境及污染源 检查放牧基地或养殖场所（圈舍）周边环境，基地应位于生态环境良好，无污染的地区，远离医院、工矿区和公路铁路干线；养殖区域内无污染源及潜在污染源；圈舍使用的建筑材料和生产设备应对人或畜禽无害。

生态保护措施 检查申请人生态保护措施建设情况，应建立生物栖息地，保护生物多样性，保证养殖基地具有可持续生产能力，粪尿等废弃物处理方式安全有效，不对环境或周边其他生物产生污染。

隔离 绿色食品养殖生产区域和常规区域之间应有明显区分标识和隔离措施。

养殖用水 调查畜禽养殖用水来源、查阅水质检验记录，检查可能引起水源污染的污染物及其来源。

检测项目 对环境检测项目（空气、土壤和养殖用水）免检条件进行现场核实。

4. 畜禽来源（含种用及商品畜禽）

外购畜禽 ① 核查畜禽来源，查看供应方资质证明、购买发票或收据。② 外购畜禽如作为种用畜禽，应了解其引入日龄，引入前疾病防治、饲料使用等情况。

自繁自育 ① 采取自然繁殖方式的，查看系谱档案；如为杂交，应了解杂交品种来源及杂交方式。② 采用同期发情、超数排卵的，核查禁用激素类物质使用情况。③ 采取人工或辅助性繁殖方式的，应了解冷冻精液、移植胚胎来源，以及操作人员资质等。

5. 饲料及饲料添加剂

饲料配方应与申请材料的一致 核查每个养殖阶段饲料及饲料添加剂组成与比例、年用量、预混料组成与比例、饲料原料来源等情况。

外购饲料 应核查各饲料原料及饲料添加剂的来源、比例、年用量，饲料原料应符合绿色食品标准相关要求；查看购买协议，协议期限应涵盖一个用标周期，购买量应能够满足生产需求量；查看绿色食品标志使用证书、绿色食品生产资料证明商标使用证、绿色食品原料标准化基地证书；查看饲料包装标签中名称、主要成分、生产企业等信息。

自种饲料原料 按照种植产品现场检查要点实施检查，产量应满足需求量。

饲料加工 核查饲料加工工艺、设施设备、饲料配方和加工量等，应满足生产需要。

饲料及饲料添加剂使用情况 对照《绿色食品 饲料及饲料添加剂使用准则》（NY/T 471）核查申请人饲料及饲料添加剂使用情况：不应使用同源动物源性饲料、畜禽粪便等作为饲料原料；饲料添加剂成分应为绿色食品允许使用的品种；饲料及饲料添加剂成分中不应含有激素、药物饲料添加剂或其他生长促进剂；预混料配方、幼畜补饲饲料中各组成成分应符合绿色食品标准的要求。

饮用水 核查畜禽饮用水，不应添加激素、药物饲料添加剂或其他生长促进剂。

仓库 核查饲料存储仓库，不应有绿色食品禁用物质；仓库应有防潮、防鼠、防虫设施；核实饲料仓库化学合成药物使用情况（药物的名称、用法与用量）。

出入库记录 核查饲料原料及添加剂出入库记录，饲料加工记录和使用记录等。

6. 饲养管理

饲料 采取纯天然放牧方式进行养殖的，应核查其饲草面积、放牧期，饲草产量应满足生产需求量；核查补饲情况，补饲所用饲料及饲料添加剂应符合《绿色食品 饲料及饲料添加剂使用准则》（NY/T 471）要求。

养殖方式 了解申请人饲养方式，核查畜禽圈舍设备设施建设情况，圈舍应配备采光通风、防寒保暖、防暑降温、粪尿沟槽、废物收集、清洁消毒等设备或措施；应根据不同性别、不同养殖阶段进行分舍饲养；应建有足够的活动及休息场所。

制度落实 核查申请人饲养管理制度落实情况。申请人应制定绿色食品饲养管理规范，建立饲养管理档案记录；饲养管理人员应经过绿色食品生产管理培训。

生产中使用的物质 询问一线饲养管理人员在实际生产操作中使用的饲料、饮水、兽药、消毒剂等物质，不应使用绿色食品禁用物质。

7. 消毒和疾病防治

检查养殖和生产区域消毒制度建设和运行情况 ① 核实生产人员进入生产区更衣、消毒管理制度及记录，非生产人员出入生产区管理制度等。② 核实养殖场所和生产设备消毒制度或消毒措施的实际情况并查看相关记录。

检查疾病防控处理措施和执行情况 ① 调查当地常规养殖发生的疾病及流行程度，畜禽引入后预防措施。② 核查染疫畜禽隔离措施。③ 对照《绿色食品　兽药使用准则》（NY/T 472）和《绿色食品　畜禽卫生防疫准则》（NY/T 473），查看疫苗接种和兽药使用记录，核查本养殖周期免疫接种情况（疫苗种类、接种时间、次数），本养殖周期疾病发生情况，核实使用药物的名称、批准文号、使用剂量、使用方法、停药期等，不应使用绿色食品禁用物质。

8. 活体运输及福利

检查活体运输管理措施落实情况 绿色食品申请产品与常规畜禽应有区分隔离的相关措施及标识；查看运输记录，包括运输时间、运输方式、运输数量、目的地等；核查装卸及运输操作流程，不应对动物产生过度应激；运输过程不应使用镇静剂或其他调节神经系统的制剂。

检查动物福利设施和措施 应供给畜禽足够的阳光、食物、饮用水、活动空间等；了解畜禽养殖过程中非治疗性手术（如断尾、断喙、烙翅、断牙等）；核实强迫喂食情况。

9. 畜禽出栏或产品收集

畜禽出栏或产品收集 ① 核查畜禽产品出栏（产品收集）标准、时间、数量、活重等相关记录；核查畜禽出栏检疫记录，不合格产品处理方法及记录。② 核查收集的禽蛋清洗、消毒等处理情况；消毒所用物质不应对禽蛋品质有影响。③ 核查处于疾病治疗期与停药期内收集的蛋、奶处理措施。④ 核查挤奶方式，挤奶前应进行消毒处理，挤奶设施、存奶器皿应严格清洗消毒且符合食品要求，了解“头三把”奶的处理。

初加工情况 ① 核查加工场所的位置、周围环境，畜禽产品清洗、除杂、过滤，加工水及来源，区分管理制度、卫生制度及实施情况。② 核查所用的设备及清洁方法，清洁剂、消毒剂种类和使用方法。

屠宰加工（如有涉及） ① 核查加工厂所在位置、面积、周围环境与申请材料的一致性。② 核查屠宰加工流程和设备设施使用情况，待宰圈设置应能够有效减少对畜禽的应激。③ 核查厂区卫生管理制度及实施情况，包括绿色食品与常规产品加工过程的区分管理、设备清洗和消毒情况、加工过程中污水处理排放情况等。④ 核查生产档案记录，包括出入车间记录、屠宰前后的检疫记录、不合格产品处理方法及记录、消毒记录等。

10. 包装与储运

核查产品包装材料使用情况 核实包装材料来源、材质，包装材料应符合《绿色食品　包装通用准则》（NY/T 658）要求，可重复使用或回收利用，包装废弃物应可降解。

检查产品包装标签和绿色食品标志 ① 核查申请人提供的含有绿色食品标志的包装标签或设计样张，包装标签标识内容应符合《食品安全国家标准 预包装食品标签通则》（GB 7718）等标准的要求，绿色食品标志设计应符合《中国绿色食品商标标志设计使用规范手册》要求，产品名称、商标、生产商名称等应与申请书一致。② 续展产品包装标签中生产商、商品名、注册商标等信息应与上一周期绿色食品标志使用证书载明内容一致。

检查生产资料仓库 申请人应有专门的绿色食品生产资料存放仓库；应有明显的标识；核查仓库的卫生管理制度及执行情况；仓库内不应有绿色食品禁用物质；查看生产资料出入库记录。

检查产品储藏仓库 应有专门的绿色食品产品储藏场所；其卫生状况应符合食品储藏条件；库房硬件设施应齐备；若与同类非绿色食品产品一起储藏应有明显的区别标识；储藏场所应具有防虫、防鼠、防潮措施，核实仓库使用化学合成药物情况（名称、用法与用量），不应使用绿色食品禁用物质；查看产品出入库记录。

检查运输情况 运输工具应满足产品运输的基本要求；运输工具、消毒处理和运输过程管理应符合绿色食品相关标准的要求；若与非绿色食品一同运输，应有明显的区别标识，核查运输过程控温、控湿等措施；查看运输记录。

11. 废弃物处理及环境保护措施

废弃物处理措施 核查申请人废弃物处理措施和落实情况。申请人污水、畜禽粪便、病死畜禽尸体、垃圾等废弃物应及时无害化处理，无害化处理方式应符合国家相关规定要求。废弃物存放、处理不应对生产区域及周边环境造成污染。

环境保护措施 核查申请人环境保护措施及落实情况。

12. 风险评估

对现场检查过程中发现问题进行风险评估。重点评估申请人质量管理体系运行中的管理风险，生产操作规程执行中的人员操作风险，饲料及饲料添加剂、兽药等投入品不符合绿色食品标准要求的违规使用风险，养殖过程中对周边环境的污染风险。

（三）加工产品现场检查

检查组应对申请人的基本情况和质量管理体系运行情况，以及生产加工场所环境、生产加工过程、主辅料和食品添加剂使用、包装和储运等实际生产情况进行现场检查核实。

1. 基本情况

核实申请人资质　现场审查核实申请人资质证明文件原件：① 申请人营业执照注册日期不少于1年，经营范围涵盖申请产品类别，未被列入经营异常名录、严重违法失信企业名单，申请前3年或用标周期（续展）内无质量安全事故和不良诚信记录。② 食品生产许可证、食盐定点生产许可证、采矿许可证、取水许可证等名称应与申请人或被委托方名称一致，经营范围、批准量应涵盖申请产品相关的生产经营活动。③ 商标注册证书中注册人应与申请人一致，不一致的应核查商标使用权证明材料；核定使用商品类别应涵盖申请产品。④ 在国家农产品质量安全追溯管理信息平台完成注册。⑤ 内检员应挂靠在申请人且内检员证书在有效期内。

核实生产加工场所位置和区域分布情况　申请人应具有稳定的生产场所，厂区分布图与实际情况一致。

委托生产情况　申请人涉及委托加工的，应核实委托生产情况，对被委托加工企业的生产情况进行实地现场检查，核实委托生产合同。

2. 质量管理体系

质量控制规范　质量控制规范科学合理，制度健全，能满足绿色食品全程质量控制生产管理及人员管理要求；加工管理制度应包括人员管理、生产加工管理、档案记录管理、投入品购买及使用、产品包装与储运、绿色食品标志使用管理等制度，且应“上墙”或在醒目地方公示，并有效落实。

生产操作规程 生产操作规程应符合生产实际和绿色食品标准要求，科学、可行，包括原料验收及储存、主辅料和食品添加剂组成及比例、生产工艺及主要技术参数、产品收集与处理、主要设备清洗消毒方法、废弃物处理、包装标识、仓储运输等内容。

产品质量追溯 应具备组织管理绿色食品产品生产和承担责任追溯的能力；建立产品质量追溯体系并实现产品全程可追溯；建立产品内部检查制度并保存内部检查记录；保存了可追溯全过程的上一周期或用标周期（续展）的生产记录；核实产品检验报告或质量抽检报告。

3. 产地质量环境

调查加工场所周边环境 产地应距离公路、铁路、生活区50米以上，距离工矿企业1千米以上。加工厂区周边环境良好，不存在对生产造成危害的污染源或潜在污染源。

检查厂区环境、设施布局和卫生措施 包括加工厂内区域和设施布局，不会对加工原料、中间产品、终产品以及加工过程产生可能的危害；生产车间内生产线、生产设备可满足申请产品生产需要，卫生条件满足基本生产要求，符合《食品安全国家标准　食品生产通用卫生规范》（GB 14881）和相关产品卫生规范（如《包装饮用水生产卫生规范》《饮料生产卫生规范》《速冻食品生产和经营卫生规范》等）；设置更衣室、洗手室等缓冲间，生产车间物流及人员流动状况合理，应避免交叉污染，且生产前、中、后卫生状况良好。

检测项目 对环境检测项目（空气、加工用水）和免检条件进行现场核实。

4. 生产加工

生产工艺 ① 生产工艺需包含具体参数和关键控制点，应与申请材料一致且满足申请产品生产需要，无潜在的食品安全风险。② 生产工艺中设置了必要的监控参数和对该参数进行监控的措施和设备，以保证和监测生产正常运行。

生产设备 生产设备满足生产工艺的需要，不对产品造成潜在风险（如废气、废水排放等）。

操作规程 生产过程中各操作规程应符合绿色食品要求。

人员管理 各操作岗位人员应有相应资质，熟悉绿色食品生产过程中相关操作，并可获得最新的绿色食品操作技术性文件。

质量监控 生产过程中设置了对各关键环节的质量监控岗位和措施，如原料、中间产品和终产品检测、留样等，查看相关记录。

废弃物处理 生产过程中废弃物应有处理方案，且妥善处理。

平行加工 存在平行加工时，检查和询问操作人员绿色食品与常规产品区别管理措施。

5. 主辅料和食品添加剂

来源、组成、配比和用量 主辅料、添加剂的来源、组成、配比和年用量应与申请材料一致，且符合工艺要求和生产实际，满足绿色食品产品生产需要。

质量要求 主辅料、添加剂的来源、组成、配比和用量应符合国家食品安全要求和绿色食品标准要求，且符合绿色食品加工产品原料的规定，采购量满足生产需求，产出率合理。主辅料、添加剂入厂前应经过检验，检验结果合格。

记录和检测报告 主辅料、添加剂等购买合同与协议、领用与投料生产记录真实有效。中间产品及终产品检验报告符合相关标准要求，真实有效。生产记录完整有效。

加工用水　了解生产过程中使用的加工水来源、预处理方式、比例等，加工水应定期检测。

清洗用水　了解加工清洗用水情况，包括设备清洗、管道清洗、地面清洗等。

6. 包装与储运

核查产品包装方式和包装材料　核实包装材料来源、材质，包装材料应符合《绿色食品　包装通用准则》（NY/T 658）要求，可重复使用或回收利用，包装废弃物应可降解。申报产品如无包装，是否可以确保在到达消费终端时符合食品安全和绿色食品质量要求。

检查产品包装标签和绿色食品标志　核查申请人提供的含有绿色食品标志的包装标签或设计样张，包装标签标识内容应符合《食品安全国家标准　预包装食品标签通则》（GB 7718）等标准的要求，绿色食品标志设计应符合《中国绿色食品商标标志设计使用规范手册》要求，产品名称、商标、生产商名称、配料表应与申请书一致。续展产品包装标签中生产商、商品名、注册商标等信息应与上一周期绿色食品标志使用证书载明内容一致。

检查生产资料仓库　申请人应有专门的绿色食品生产资料存放仓库，应有明显的标识；核查仓库的卫生管理制度及执行情况；仓库内不应有绿色食品禁用物质；查看生产资料出入库记录。

检查产品储藏仓库　应有专门的绿色食品产品储藏场所，其卫生状况应符合食品储藏条件；库房硬件设施应齐备，若与同类非绿色食品产品一起储藏应有明显的区别标识；储藏场所应具有防虫、防鼠、防潮措施，核实仓库使用化学合成药物情况（名称、用法与用量），不应使用绿色食品禁用物质；查看产品出入库记录。

检查运输情况　运输工具应满足产品运输的基本要求；运输工具、消毒处理和运输过程管理应符合《绿色食品　储藏运输准则》

（NY/T 1056）等绿色食品相关标准的要求；若与非绿色食品一同运输，应有明显的区别标识，核查运输过程控温、控湿等措施；查看运输记录。

7. 风险性评估

对现场检查过程中发现问题进行风险评估。重点评估申请人质量管理体系运行中的管理风险，生产操作规程执行中的人员操作风险，主辅料、食品添加剂等不符合绿色食品标准要求的违规使用风险，原料加工、成品储藏及运输、设备清洗等各环节区分管理和交叉污染的风险，加工过程中对周边环境的污染风险。

（四）水产品现场检查

检查组应对申请人的基本情况、质量控制体系运行情况，以及水产品的产地环境、苗种、饲料及饲料添加剂、肥料使用、疾病防治、水质改良、收获后处理和包装储运等实际生产情况进行现场检查核实。

1. 基本情况

核实申请人资质　现场审查核实申请人资质证明文件原件：① 申请人营业执照注册日期不少于1年，经营范围涵盖申请产品类别，未被列入经营异常名录、严重违法失信企业名单，申请前3年或用标周期（续展）内无质量安全事故和不诚信记录。② 商标注册证书中注册人应与申请人一致，不一致的应核查商标使用权证明材料，核定使用商品类别应涵盖申请产品。③ 在国家农产品质量安全追溯管理信息平台完成注册。④ 内检员应挂靠在申请人且内检员证书在有效期内。

检查养殖基地及产品　核实申请人基地位置、面积和基地分布，生产组织形式；核查各申请产品养殖密度、养殖周期及产量；了解养殖方式，如湖泊养殖、水库养殖、近海放养、网箱养殖、网围养殖、池塘养殖、蓄水池养殖、工厂化养殖、稻田养殖等；了解养殖模式，如混养或套养，核查混养或套养品种及比例。

2. 质量控制体系

质量控制规范 质量控制规范科学合理，制度健全，涵盖了绿色食品生产及人员管理要求；基地管理、档案记录管理、绿色食品标志使用管理等制度“上墙”或在醒目地方公示，并有效落实。

生产操作规程 生产操作规程应包括环境条件、卫生消毒、繁育管理、饲料管理、疫病防治、产品收集与处理、包装标识、仓储运输、废弃物处理、病死及病害动物无害化处理等内容。

产品质量追溯 申请人应具备组织管理绿色食品产品生产和承担责任追溯的能力，建立产品质量追溯体系并实现产品全程可追溯，建立产品内部检查制度并保存内部检查记录；核查可追溯全过程的上一周期或用标周期（续展）的生产记录；核查产品检验报告或质量抽检报告。

3. 产地环境质量

周边环境 调查养殖基地自然环境，了解养殖基地地形地貌；核查基地周边生态环境及可能存在的污染源，基地应距离公路、铁路、生活区50米以上，距离工矿企业1千米以上，应符合《绿色食品 产地环境质量》（NY/T 391）要求；了解养殖水域的生物多样性情况，应具有可持续的生产能力。

渔业用水 核查渔业用水来源，如存在引起养殖用水受污染的污染物，核查污染物来源及处理措施；核查养殖水域水质情况，水体不应受到明显污染，无异色、异臭、异味；了解水体更换频率及更换方法，进排水系统应有有效的隔离措施。

隔离 绿色食品养殖区域和常规养殖区域之间应有有效的天然隔离或设置物理屏障。

建筑材料和生产设备 核查养殖区域使用的建筑材料和生产设备情况。

检测项目 对环境检测项目（空气、底泥和渔业用水）和免检条件进行现场核实。

4. 苗种情况

外购苗种 ① 查看苗种供应方相应的资质证明、购买合同（协议）及购销凭证。② 了解外购苗种在运输过程中疾病发生和防治情况。③ 至少2/3养殖周期内应采用绿色食品标准要求的养殖方式，核查苗种投放至养殖场所时的规格，投放量应满足申请产量需求；核查苗种投放前的暂养情况及暂养周期，核查暂养场所养殖用水来源。

自繁自育苗种 ① 了解繁殖、培育方式。② 核查苗种培育周期。③ 核查育苗场养殖用水来源。④ 核查苗种投放至养殖场所时的规格，投放量应满足申请产量需求。⑤ 查看繁育记录。

5. 饲料及饲料添加剂

天然饵料 ① 野生天然饵料。饵料品种、生长情况应能满足需求量。② 人工培养天然饵料。饵料来源、养殖情况、养殖过程应符合《绿色食品　饲料及饲料添加剂使用准则》（NY/T 471）要求。

外购饲料及饲料添加剂 ① 核查各饲料原料及饲料添加剂的来源、比例、年用量，购买量应满足需求量；查看饲料包装标签中名称、主要成分、生产企业等信息。② 核查饲料及饲料添加剂成分中激素、药物饲料添加剂或其他生长促进剂的添加情况，应符合《绿色食品　饲料及饲料添加剂使用准则》（NY/T 471）要求。③ 查看绿色食品标志使用证书、绿色食品生产资料证明商标使用证、绿色食品原料标准化基地证书；查看购买合同（协议）及购销凭证，合同（协议）有效期应在3年（含）以上，并确保至少一个绿色食品用标周期内原料供应的稳定性。④ 查看饲料使用记录（如出入库记录等）。

自种饲料原料　种植量应满足生产需求量，应参照种植产品现场检查。

饲料加工　核查加工工艺及流程、加工设施与设备以及清洗、消毒情况，涉及药剂使用的，核查药剂名称、使用量、使用方法等；加工设备同时用于绿色食品和非绿色食品饲料加工的，核查避免混杂和污染的措施。

暂养阶段要求　暂养阶段的饲料及饲料添加剂情况应按照上述要求实施核查。

6. 肥料使用

使用情况　核查肥料类别、来源、使用量、使用时间、使用方法，应符合《绿色食品　肥料使用准则》（NY/T 394）标准要求。

外购肥料　购买量应满足需求量；查看购买合同（协议）及购销凭证。

使用记录　查看肥料使用记录。

7. 疾病防治及水质改良

了解当地及同种水产品情况　了解当地常见疾病、流行程度；了解同种水产品易发疾病的预防措施。

核查疫苗使用情况　疫苗名称、使用时间、使用方法等应符合《绿色食品　渔药使用准则》（NY/T 755）要求。

核查渔药使用情况　药剂名称及其有效成分、防治的疾病、使用量、使用方法、停药期等，应符合《绿色食品　渔药使用准则》（NY/T 755）要求。

核查消毒剂和水质改良剂使用情况　药剂名称、使用量、使用方法等应符合《绿色食品　渔药使用准则》（NY/T 755）要求。

核查投入品记录　查看渔药、疫苗、水质改良剂、消毒剂等投入品使用记录。

暂养阶段要求　暂养阶段的疾病防治和暂养场所消毒等应按照上述要求实施核查。

8. 收获后处理

捕捞　① 捕捞不应在疾病治疗期、停药期内进行；了解捕捞方式和捕捞使用工具，应符合国家相关规定；了解捕捞过程中减少水生生物应激的措施。② 对于海洋捕捞的水产品，应符合《绿色食品　海洋捕捞水产品生产管理规范》（NY/T 1891）要求。③ 查看捕捞记录。

初加工　① 核查收获后初加工处理（鲜活水产品收获后未添加任何配料的简单物理加工，如清理、晾晒、分级等）情况。② 核查加工厂所在位置、面积、周围环境与申请材料的一致性；核查厂区卫生管理制度及实施情况；了解加工流程，涉及清洗的，核查清洗用水来源；核查加工设施与设备及清洗、消毒情况，涉及药剂使用的，核查药剂名称、使用量、使用方法等；加工设备同时用于绿色和非绿色产品的，核查避免混杂和污染的措施。③ 查看初加工记录。

深加工　对于涉及水产品深加工（即加工过程中使用了其他配料或加工工艺复杂的腌熏、罐头、鱼糜等产品）的申请人，应按照加工产品现场检查要求实施现场检查。

9. 包装与储运

包装　① 核查产品包装（周转箱）材质及来源，应符合《绿色食品　包装通用准则》（NY/T 658）要求。② 核查申请人提供的含有绿色食品标志的预包装标签设计样张，包装标签标识内容应符合《食品安全国家标准　预包装食品标签通则》（GB 7718）等标准要求，绿色食品标志设计应符合《中国绿色食品商标标志设计使用规范手册》要求，产品名称、商标、生产商名称等应与申请书一致。续展产品包装标签中生产商、产品名称、商标等信息应与上一周期绿色食品标志使用证书载明内容一致。

储藏 ① 检查生产资料仓库。应有专门的绿色食品生产资料存放仓库，如与常规产品生产资料同场所储藏，应有防混、防污措施及明显的区分标识；核查仓库的卫生管理制度及执行情况，应符合《绿色食品 储藏运输准则》（NY/T 1056）要求，使用药剂的名称、使用量、使用方法等应符合《绿色食品 农药使用准则》（NY/T 393）要求；查看生产资料出入库记录，应与使用记录信息对应。② 检查产品储藏仓库。应有专门的绿色食品产品储藏场所，如与常规产品同场所储藏，应有防混、防污措施及明显的区分标识；卫生状况应满足食品储藏条件，设施应齐备，应符合《绿色食品 储藏运输准则》（NY/T 1056）要求；应具有防虫、防鼠、防潮措施，使用药剂的名称、使用量、使用方法等应符合《绿色食品 农药使用准则》（NY/T 393）、《绿色食品 渔药使用准则》（NY/T 755）要求；查看产品出入库记录，应能够保证产品可追溯。

运输 ① 核查运输过程中控温及保障或提高存活率的措施，应符合《绿色食品 储藏运输准则》（NY/T 1056）要求；了解运输过程中减少水生生物应激的措施。② 核查运输设备和材料情况；核查运输工具的清洁消毒处理情况；核查与常规产品进行区分隔离相关措施及标识。③ 查看运输记录，应能够保证产品可追溯。

10. 废弃物处理及环境保护措施

核查尾水、养殖废弃物、垃圾等废弃物处理措施，应符合国家相关标准；核查不合格产品处理方法及记录。

（五）食用菌现场检查

检查组应对申请人的基本情况、质量管理体系运行情况，以及栽培产品的产地环境、菇房环境、菌种来源与处理、基质制作、病虫害和杂菌防治、采后处理和包装储运等实际生产情况进行现场检查核实。

1. 基本情况

核实申请人资质　现场审查核实申请人资质证明文件原件：①申请人营业执照注册日期不少于1年，经营范围涵盖申请产品类别，未被列入经营异常名录、严重违法失信企业名单，申请前3年或用标周期（续展）内无质量安全事故和不诚信记录。②商标注册证书中注册人应与申请人一致，不一致的应核查商标使用权证明材料，核定使用商品类别应涵盖申请产品。③在国家农产品质量安全追溯管理信息平台完成注册。④内检员应挂靠在申请人且内检员证书在有效期内。

检查栽培基地及产品　核实申请人基地位置及土地权属情况，基地面积和申请产品地块分布，生产组织形式；核实委托生产合同（协议）及购销凭证。

2. 质量管理体系

质量控制规范　质量控制规范科学合理，制度健全，涵盖了绿色食品生产的管理要求；栽培基地管理、档案记录管理、绿色食品标志使用管理等制度"上墙"或在醒目地方公示，并有效落实。

生产操作规程　生产操作规程应包括菌种来源与处理、基质制作、病虫害和杂菌防治、收获处理、包装与储运等；生产操作规程应符合绿色食品标准要求并有效实施；轮作、间作、套作等栽培计划合理且不影响申请产品质量安全。

产品质量追溯　申请人应具备组织管理绿色食品产品生产和承担责任追溯的能力，建立产品质量追溯体系并实现产品全程可追溯，建立产品内检制度并保存内检记录；核查可追溯全过程的上一周期或用标周期（续展）的生产记录；核查产品检验报告或质量抽检报告。

3. 产地环境质量

周边环境　了解当地气候特征，调查栽培区所在地植被及生物资源、农业栽培结构、生物环境保护措施；栽培区应位于生态环境良好，无污染的地区，远离城区、工矿区和公路铁路干线，避开工业污染源、生活垃圾场、医院、工厂等污染源。

隔离与缓冲　绿色食品和常规栽培区域之间应设置有效的缓冲带或物理屏障，了解缓冲带内作物的栽培情况。

环境保护　生产不能对周边环境产生污染。

菇房环境　菇房环境应布局合理，设施满足生产需要，无污染源；了解消毒措施。

生态保护　建立生物栖息地，保护基因多样性、物种多样性和生态系统多样性，以维持生态平衡。

生产用水　核查食用菌生产用水来源，可能引起水源污染的污染物及其来源，水质应符合《绿色食品　产地环境质量》（NY/T 391）要求。

检测项目　核实环境检测项目（空气、基质、水）及免测条件。

4. 菌　种

来源　核查菌种品种、来源，外购菌种类型（母种、原种、栽培种）应有正规的购买发票和品种证明。

自制菌种　核查自制菌种的培养和保存方法，应明确培养基的成分、来源。

设备和用品　了解检查制作菌种的设备和用品，包括灭菌锅（高压、常压蒸汽灭菌锅）、接种设施、装袋机、灭菌消毒药品等。

5. 基质组成

栽培基质　检查栽培基质原料名称、比例，以及主要原料的来源及年用量。

原料堆放场所 核查栽培基质原料的堆放场所，应符合《绿色食品 储藏运输准则》（NY/T 1056）要求。

清洁消毒措施 检查栽培基质的拌料室、装袋室、灭菌设施室、菌袋冷却室，以及接种室、培养菌室、出耳（菇）地（发菌室）的清洁消毒措施，使用的物质应符合《绿色食品 农药使用准则》（NY/T 393）要求。

其他 检查栽培基质灭菌方法、栽培品种、栽培场地、栽培设施。

6. 病虫害和杂菌防治

当地病虫害和杂菌发生与防治情况 调查当地同种食用菌常见病虫害和杂菌的发生规律、危害程度及防治方法。

申请产品病虫害和杂菌发生与防治情况 ① 检查申请栽培的食用菌当季发生病虫害和杂菌防治措施及效果。② 核查病虫害和杂菌防治的方式、方法和措施，应符合《绿色食品 农药使用准则》（NY/T 393）要求。③ 检查栽培区及周边、生产资料库房、记录档案，核查使用农药的种类、使用方式、使用量、使用时间、安全间隔期等，应符合《绿色食品 农药使用准则》（NY/T 393）要求。

7. 采后处理

收获 ① 了解收获的时间、方法、工具。② 检查绿色食品在收获时采取何种措施防止污染。

采后处理 了解采后处理方式，涉及投入品使用的，应符合《绿色食品 食品添加剂使用准则》（NY/T 392）、《绿色食品 农药使用准则》（NY/T 393）、《食品安全国家标准 食品添加剂使用标准》（GB 2760）等标准的要求。

加工用水 涉及清洗的，了解加工用水来源。

8. 包装与储运

包装方式和包装材料 核实包装材料来源、材质，包装材料应符合《绿色食品 包装通用准则》（NY/T 658）要求，可重复使用或回收利用，包装废弃物应可降解。

包装标签和绿色食品标志设计 包装标签标识内容应符合《食品安全国家标准 预包装食品标签通则》（GB 7718）等标准的要求，绿色食品标志设计应符合《中国绿色食品商标标志设计使用规范手册》要求，产品名称、商标、生产商名称等应与申请书一致。对于续展申请人，还应检查绿色食品标志使用情况，包装标签中生产商、商品名、注册商标等信息应与上一周期绿色食品标志使用证书中一致。

储藏运输 应符合《绿色食品 储藏运输准则》（NY/T 1056）要求。① 检查绿色食品应设置专用库房或存放区并保持洁净卫生；应根据产品特点、储存原则及要求，选用合适的储存技术和方法，储存方法不应引起污染。② 储藏设施应具有防虫、防鼠、防鸟的功能，防虫、防鼠、防潮、防鸟等用药应符合《绿色食品 农药使用准则》（NY/T 393）要求；储藏场所内不应存在有害生物、有害物质的残留。③ 检查运输工具，运输工具在运输绿色食品之前应清理干净，必要时要进行灭菌消毒处理，防止与非绿色食品混杂和污染；不应与化肥、农药等化学物品，以及其他任何有害、有毒、有气味的物品一起运输。

检查仓储和运输记录 记录应记载出入库产品和运输产品的地区、日期、种类、等级、批次、数量、质量、包装情况及运输方式等，确保可追溯、可查询。

9. 废弃物处理及环境保护措施

栽培区应具有可持续生产能力，生产废弃物应对环境或周边其他生物不会产生污染，如果造成污染，了解相关保护措施。

10. 风险评估

对现场检查过程中发现问题进行风险评估。重点评估申请人质量管理体系运行中的管理风险，生产操作规程执行中的人员操作风险，肥料、农药等投入品不符合绿色食品标准要求的违规使用风险，食用菌栽培过程中对周边环境的污染风险。

（六）蜂产品现场检查

检查组应对申请人的基本情况、质量控制体系运行情况，蜜源植物的产地环境、蜂场环境，以及蜜源植物、饲养管理、疾病防治、采收处理，包装储运、废弃物处理等实际生产情况进行现场检查核实。

1. 基本情况

核实申请人资质　现场审查核实申请人资质证明文件原件：① 申请人营业执照注册日期不少于1年，经营范围涵盖申请产品类别，未被列入经营异常名录、严重违法失信企业名单，申请前3年或用标周期（续展）内无质量安全事故和不诚信记录。② 商标注册证书中注册人应与申请人一致，不一致的应核查商标使用权证明材料，核定使用商品类别应涵盖申请产品。③ 在国家农产品质量安全追溯管理信息平台完成注册。④ 内检员应挂靠在申请人且内检员证书在有效期内。

蜜源地及产品情况　① 查看野生蜜源地位置、蜜源植物面积、分布情况；核实蜜源地规模与申请材料一致性；查看转场蜜源地位置、面积等情况。② 核实生产组织形式；如存在委托生产，应核实农户、社员、内控组织清单真实性、有效性；查看养殖合同（协议）及购销凭证真实性、有效性。③ 查看养蜂场所地址；核实申请产品名称、产量；核实养殖规模与申请产量的符合性。④ 人工种植蜜源植物，应按照种植产品现场检查要点实施现场检查。

2. 质量管理体系

质量控制规范 质量控制规范应涵盖绿色食品生产的管理要求；养殖基地管理制度应包括人员管理、投入品供应与管理、档案记录管理、养殖过程管理、疾病防治、产品收获管理、仓储运输管理、人员培训、绿色食品生产与非绿色产品生产区分管理、绿色食品标志使用管理等内容，管理制度应在实际生产中有效落实，相关制度和标准应在基地内公示。

生产操作规程 生产技术规程应能满足蜜蜂生长生产基本要求，包括环境条件、卫生消毒、繁育管理、饲料管理、疾病防治、产品采收、初加工、运输、包装、储藏等内容，以及蜂王、工蜂、雄蜂的培育与养殖管理等内容，符合绿色食品相关准则及标准规定并有效实施。

产品质量追溯 申请人应具备组织管理绿色食品产品生产和承担责任追溯的能力，建立产品质量追溯体系并实现产品全程可追溯，建立产品内部检查制度并保存内部检查记录；核查可追溯全过程的上一周期或用标周期（续展）的生产记录；核查产品检验报告或质量抽检报告。

3. 产地环境质量

蜜源地和蜂场环境 ① 蜂场应远离工矿区、公路铁路干线、垃圾场、化工厂。② 核查蜂场周围的大型蜂场和以蜜、糖为生产原料的食品厂情况。③ 蜂场周围应具有能满足蜂群繁殖和蜜蜂产品生产的蜜源植物；应具有清洁的水源。④ 蜂场周围半径5千米范围内不应存在有毒蜜源植物；在有毒蜜源植物开花期不应放蜂；应具有有效的隔离措施。⑤ 蜂场周围半径5千米范围内如有常规农作物，所用的农药不应对蜂群有影响；流蜜期内蜂场周围半径5千米范围内如有处于花期的常规农作物，应建立有效的区别管理制度。⑥ 核查蜜源地可持续生产能力，蜂群不应对环境或周边其他生物产生影响。

蜜蜂饮用水　核查蜂蜜饮用水来源，蜜蜂饮用水中不应添加绿色食品禁用物质；饮水器材应安全无毒。

检测项目　对环境检测项目（土壤、养蜂用水等）与免检条件进行现场核实。

4. 蜜源植物

野生蜜源植物　① 核查蜜源地位置、蜜源植物品种、分布情况；核实蜜源地规模与申请材料一致性。② 在野生蜜源植物地放蜂时，不应对当地蜜蜂种群以及其他依靠同种蜜源植物生存的昆虫造成严重影响。③ 核查申请产品的蜜源植物花期的长短；核实申请产量与一个花期产量的符合性。

人工种植蜜源植物　人工种植蜜源植物，应按照种植产品现场检查要点实施现场检查；核实申请产量与一个花期产量的符合性。

5. 饲养管理

养蜂机具　① 蜂箱和巢框用材应无毒、无味、性能稳定、牢固；蜂箱应定期消毒、换洗；消毒所用制剂应符合《绿色食品　兽药使用准则》（NY/T 472）要求。② 养蜂机具及采收机具（包括隔王栅、饲喂器、起刮刀、脱粉器、集胶器、摇蜜机和台基条等）、产品存放器具所用材料应无毒、无味。③ 核查巢础的材质及更换频率。

蜜蜂来源　① 了解引入种群品系、来源、数量，查看供应商资质、检疫证明等。② 了解蜂王来源。若为外购蜂王或卵虫育王，应了解其来源，查看供应商资质、检疫证明。③ 查看进出场日期和运输等记录。

日常饲养管理　① 核查养殖条件设施。蜂群应有专门的背风向阳、干燥安静的越冬场所；蜂箱应具备相应的条件，可调节光照、通风和温湿度等。② 核实饲料使用情况。越冬应供给足够饲料，饲料宜使用自留蜜、自留花粉；如使用其他饲料，应为绿色食品；查看饲料购买协议，协议期限应涵盖一个用标周期，购买量应能够满足蜜蜂需求量。③ 查看记录。查看饲养管理过程相关记录；查看饲养管理人员绿色食品生产培训记录；查看饲料购买发票、进出库记录、饲料使用记录、饲料包装标签等。④ 了解继箱、更换蜂王过程中使用诱导剂情况，不应使用绿色食品禁用物质。

疾病防治　① 了解当地蜜蜂常见疾病、有害生物种类及发生情况；养殖过程疾病防治所用蜂药、消毒剂等应符合《绿色食品　兽药使用准则》（NY/T 472）、《绿色食品　动物卫生准则》（NY/T 473）、《绿色食品　畜禽饲养防疫准则》（NY/T 1892）要求。② 查看用药记录（包括蜂场编号、蜂群编号、蜂群数、蜂病名称、防治对象、发病时间及症状、治疗用药物名称及其有效成分、用药日期、用药方式、用药量、停药期、用药人、技术负责人等）。③ 了解培养强群、提高蜂群抗病能力采取的具体措施。

转场管理　① 查看转场饲养的转地路线、转运方式、日期和蜜源植物花期、长势、流蜜状况等信息的材料及记录。② 转场前调整群势，运输过程中应备足饲料及饮水，且符合绿色食品相关规定。③ 核查装运蜂群的运输设备，不应使用装运过农药、有毒化学品的运输设备。④ 了解在运输途中防止蜂群伤亡采取的措施。⑤ 核查运输途中放蜂情况，途中应备足转场前采集的蜂蜜、花粉作为饲料。⑥ 查看运输记录，包括时间、天气、起运地、途经地、到达地、运载工具、承运人、押运人、蜂群途中表现等情况。⑦ 转场蜂场的生产管理应符合绿色食品相关标准要求，转场蜜源植物的生产管理也应符合绿色食品相关标准要求。

6. 产品采收及处理

采收　① 核查产品采收时间、标准、产量。② 蜂蜜采收之前，应取出生产群中的饲料蜜。不应掠夺式采收（采收频率过高、经常采光蜂巢内蜂蜜等）。③ 核查蜂产品采收期间，生产群使用蜂药情况；核实蜂群在停药期内的采收情况及产品处理。④ 核查蜜源植物施药期间（含药物安全间隔期）的采收情况及产品处理。⑤ 采收机具和产品存放器具应严格清洗消毒，符合国家相关要求。⑥ 蜂王浆的采集过程中，移虫、采浆作业需在对空气消毒过的室内或者帐篷内进行，消毒剂的使用应符合《绿色食品　兽药使用准则》（NY/T 472）要求。⑦ 查看蜜源植物施药情况（使用时间、使用量）及产品采收记录（采收日期、产品种类、数量、采收人员、采收机具等）。

蜂产品初加工（如有涉及）　① 核查加工厂所在位置、面积、周围环境与申请材料一致性。② 核查厂区卫生管理制度及实施情况。③ 了解初加工流程。④ 核查加工设施的清洗与消毒情况。⑤ 加工设备如同时用于绿色食品和非绿色食品生产，应区别管理，避免混杂和污染。⑥ 核查加工用水来源。⑦ 查看初加工记录。

7. 包装与储运

包装　① 核查周转器、产品包装材质及来源，应符合《绿色食品　包装通用准则》（NY/T 658）要求。② 核查申请人提供的含有绿色食品标志的预包装标签设计样张，包装标签标识内容应符合《食品安全国家标准　预包装食品标签通则》（GB 7718）等标准的要求，绿色食品标志设计应符合《中国绿色食品商标标志设计使用规范手册》要求，产品名称、商标、生产商名称等应与申请书一致。续展产品包装标签中生产商、产品名称、商标等信息应与上一周期绿色食品标志使用证书载明内容一致。

储藏　① 检查生产资料仓库。应有专门的绿色食品生产资料存放仓库，如与常规产品生产资料同场所储藏，应有防混、防污措施及明显的区分标识；核查仓库的卫生管理制度及执行情况，应符合《绿色食品　储藏运输准则》（NY/T 1056）要求，使用药剂的名称、使用量、使用方法等应符合《绿色食品　农药使用准则》（NY/T 393）要求；查看生产资料出入库记录，应与使用记录信息对应。② 检查产品储藏仓库。应有专门的绿色食品产品储藏场所，如与常规产品同场所储藏，应有防混、防污措施及明显的区分标识；卫生状况应满足食品储藏条件，设施应齐备，应符合《绿色食品　储藏运输准则》（NY/T 1056）要求；应具有防虫、防鼠、防潮措施，使用药剂的名称、使用量、使用方法等应符合《绿色食品　农药使用准则》（NY/T 393）、《绿色食品　兽药使用准则》（NY/T 472）要求；查看产品出入库记录，应能够保证产品可追溯。

运输　① 核查运输工具；核查与常规产品进行区分隔离的相关措施及标识。② 运输工具应满足产品运输的基本要求，运输工具的清洁消毒处理情况，运输工具和运输过程管理应符合《绿色食品　储藏运输准则》（NY/T 1056）要求。③ 查看运输记录；应能够保证产品可追溯。

8. 废弃物处理与环境保护措施

① 核查蜜蜂尸体、蜜蜂排泄物、污水、废旧巢脾、垃圾等废弃物处理措施，应符合国家相关规定。② 废弃物存放、处理、排放不应对生产区域及周边环境造成污染。

9. 风险评估

对现场检查过程中发现问题进行风险评估。重点评估申请人质量管理体系运行中的管理风险，生产操作规程执行中的人员操作风险，肥料、农药、兽药、饲料等投入品不符合绿色食品标准要求的违规使用风险，养殖过程中对周边环境的污染风险。

四、现场检查报告

（一）现场检查意见

检查组应根据现场检查情况如实撰写现场检查报告，对申请人进行综合评价，形成“合格”“限期整改”和“不合格”等现场检查意见，并提交相关现场检查材料。

1. 不合格

现场检查发现以下严重问题之一的，检查意见为“不合格”。

产地环境 不符合《绿色食品 产地环境质量》（NY/T 391）要求，未避开污染源或产地不具备可持续生产能力，对环境或周边其他生物产生污染。

投入品 肥料、农药、兽药、渔药、食品添加剂、饲料及饲料添加剂等投入品使用不符合国家标准和绿色食品相关标准要求。

文件与记录 资质证明文件、质量管理体系文件、合同（协议）、生产记录等存在造假行为的。

2. 限期整改

现场检查发现以下问题之一的，检查意见为“限期整改”。

产地环境保护措施未落实 未在绿色食品和非绿色生产区之间设置有效的缓冲带或物理屏障；污水、废弃物等处理措施欠缺，可能对环境或周边其他生物产生污染；未建立生物栖息地，保护基因多样性、物种多样性和生态系统多样性，维持生态平衡。

质量控制规范和生产操作规程未有效落实 质量管理制度不健全；档案记录文件不完整；参与绿色食品生产或管理的人员或农户不熟悉绿色食品标准要求；存在平行生产的，产品生产、储运等环节未建立区分管理制度或制度未落实。

现场检查意见为“限期整改”的，检查组应汇总现场检查中发现问题，填写绿色食品现场检查发现问题汇总表。申请人应根据绿色食品现场检查发现问题汇总表提出的整改意见，在规定期限内完成整改。检查组对整改内容再次核查，核查合格后，检查组长在绿色食品现场检查发现问题汇总表中签字确认。

3. 合　格

现场检查未发现不合格项，且按期完成整改的，现场检查意见为“合格”。

（二）现场检查材料

场检查材料包括绿色食品现场检查通知书、绿色食品现场检查报告、绿色食品现场检查会议签到表、绿色食品现场检查发现问题汇总表、绿色食品现场检查意见通知书、绿色食品现场检查照片和现场检查取得的其他材料。

（三）现场检查报告撰写要求

第一，应由检查组成员按照中国绿色食品发展中心统一制式表格填写，不可由他人代写。

第二，检查员应依据标准和判定规则，客观如实对报告所规定的项目内容进行逐项检查评价，对检查各环节关键控制点进行客观描述，做到准确且不缺项。

第三，现场检查综合评价应对申请人质量管理体系、产地环境质量、产品生产过程、投入品使用、包装储运、环境保护等情况和存在问题进行全面评价，对续展申请人还应确认其绿色食品标志使用的情况。综合评价不应对绿色食品标志许可通过与否作出判定。如不能形成现场检查意见，须指出需要补充的信息和材料，以及是否需要再次检查。

第四，现场检查报告应经申请人和检查组成员双方签字确认。

（四）其他现场检查材料

1. 绿色食品现场检查通知书

申请人名称、申请类型等应与申请人材料一致；现场检查内容应根据检查依据覆盖申请产品各生产环节，不能随意改变或遗漏；检查员应在保密承诺处签字，组织现场检查的工作机构应盖章确认，申请人确认回执。

2. 绿色食品现场检查会议签到表

应按照中国绿色食品发展中心统一制式表格填写。申请人应与申请书一致，涉及多次补充检查的应按时间分别填写绿色食品现场检查会议签到表。申请人参会人员应至少包括生产技术负责人员、质量管理负责人员、内检员等；所有参会人员应亲笔签到，签到日期应与现场检查日期一致。

3. 绿色食品现场检查发现问题汇总表

申请人、申请产品应与申请书一致，时间应与现场检查时间一致。检查组应依据标准、规范的具体条款，客观描述现场检查中发现问题并汇总填入发现问题汇总表；申请人应明确整改措施及时限承诺，并在规定的时间内提交整改报告及相关佐证材料；检查组长应对现场检查发现问题的整改落实情况进行签字确认。现场检查未发现问题的，检查组长应填写无意见。

4. 绿色食品现场检查照片

现场检查照片应真实、清楚地反映检查员工作。现场检查照片应完整反映首次会议、实地检查、随机访问、查阅文件（记录）、总结会等检查过程，覆盖产地环境调查，生产投入品，申请产品生产、加工、仓储，管理层沟通等关键环节。现场检查照片应在A4纸上打印或粘贴，应在每张照片空白处标示检查时间、检查员信息、检查场所、检查内容等。检查员应与现场检查报告中人员一致。

5. 绿色食品现场检查意见通知书

申请人名称与申请人材料一致，工作机构应对现场检查合格与否作出判定，明确产地环境和产品检验项目并签字盖章。

第三章 现场检查案例分析

一、稻米绿色食品现场检查案例分析

——以山东友稻农业科技有限公司的现场检查为例

山东省绿色食品发展中心于2019年8月20日收到山东友稻农业科技有限公司（以下简称友稻公司）的绿色食品申报材料，企业申报产品为大米。申报材料审查合格，决定委派2名具有种植专业资质和加工专业资质的绿色食品检查员，于2019年9月25日对该企业实施现场检查，检查时间选择在稻米生产过程中的收获前期。

（一）检查前准备

1. 了解申请人基本情况

检查组通过审阅申请材料，了解申请人基本情况和申报产品基本情况。

了解基地情况　友稻公司位于山东省滨州高新区青田办事处耿家村，土地属性为公司自有。

了解生产情况　该公司主产大米，不存在平行生产。

确定重点检查环节　现场检查需要检查稻米的生产环节，以及大米加工环节。

2. 制订现场检查计划

明确检查组分工　明确检查员A为检查组组长，主要负责产地环境质量状况及周边污染源情况调查、质量管理体系和生产管理制度落实情况调查；检查员B主要负责稻米农药、化肥等投入品的使用情况调查、大米加工过程中食品添加剂的使用情况、设备消毒情况，以及原料和成品包装材料、储藏、运输等情况调查等。

下发现场检查通知书 2019年8月26日，将绿色食品现场检查通知书及现场检查计划发送至申请人友稻公司，请申请人做好各项准备，配合现场检查工作，申请人签字确认后回复。

（二）开展现场检查

2019年9月25日，检查组到达友稻公司。现场检查过程中，对所有环节进行拍照留痕。

1. 召开首次会议

参会人员 在友稻公司会议室召开首次会议，友稻公司董事长马某某、仓库管理刘某某、品控部部长（绿色食品内检员）何某、技术员李某某、工人张某某、耿某某参会。参会人员填写会议签到表。

检查组明确检查目的与依据 首次会由检查组组长（检查员A）主持，检查组向申请人明确：此次检查目的为，检查申请产品产地环境、生产过程、投入品使用、包装、储藏、运输及质量管理体系等与绿色食品相关标准及规定的符合性；检查依据包括《中华人民共和国食品安全法》《中华人民共和国农产品质量安全法》《绿色食品标志管理办法》等国家相关法律法规，《绿色食品标志许可审查程序》《绿色食品现场检查工作规范》等工作规程，以及绿色食品标准与相关要求。

申请人介绍企业具体情况 友稻公司董事长马某某介绍了企业经营情况和产地环境、气候特征、申请产品的基本情况，品控部部长（绿色食品内检员）何某介绍了生产管理的具体情况，以及内检员实施内部检查工作的具体流程。检查组了解到，该企业生产的大米产品足量申报绿色食品，不存在平行生产的情况。

明确现场检查具体安排 ① 检查组明确本次现场检查包括两个方面。一方面，核实质量管理体系和生产管理制度落实情况，核实生产加工、包装、储藏、运输等过程与申请材料的符合性，核实生产记录、投入品使用记录与申请材料的符合性；另一方面，调查并对产地环境质量状况及周边污染源情况进行风险评估，检查并对添加剂及农药等投入品的使用情况等进行风险评估。② 确定检查时间为1天。③ 要求友稻公司配合现场检查工作，并确定陪同人员。友稻公司董事长马某某要求各部门配合现场检查工作，并与内检员何某全程陪同现场检查工作。

2. 实地检查

（1）对生产环节进行现场检查

检查组对申报产品的全部生产环节进行现场检查，检查过程随时进行风险评估。

检查原料基地（稻米基地） ① 产地环境质量状况良好，周边无污染源。② 灌溉水来源为黄河水，水样定期检测，不存在污染源和潜在污染源。③ 投入品由友稻公司统一购买使用，投入品符合绿色食品相关要求。④ 随机访问生产工人，生产过程遵循绿色食品稻米生产操作规程。

检查加工车间 ① 查看原料出入库记录，填写规范，存放在专用文件柜，出入库记录与生产实际相符。② 查看生产记录，生产过程与绿色食品大米加工规程一致，符合绿色食品相关要求。③ 加工环节主要风险点为添加剂的使用，通过现场查看和随机访问工人，确定该环节未使用添加剂，现场未发现添加剂的使用痕迹。

（2）库房进行现场检查

检查组对原料存放场所、生产资料库房、成品库进行了现场检查，经过查阅出入库记录、随机访问、实地检查等过程。

检查加工原料库房 ①原料存放有专用的库房。②查看原料出入库记录，绿色食品原料稻米产量能够满足申报产品大米的要求。③检查员A随机访问了该环节工作人员，核实质量控制规范的落实情况，确认有内检员签字原料方能出入库。该环节符合绿色食品相关要求。

检查生产资料库房 ①绿色食品生产资料有专门的仓库存放。②发现在绿色食品生资库库存区存有活性腐植酸复合肥、10%可湿性粉剂吡虫啉、80%代森锰锌等，未发现绿色食品不得使用的投入品。③检查员A访问了库房管理员，核实内检员职责是否能有效落实，了解到须内检员签字确认才能购买生产资料。

检查成品库 ①大米存放于常温库房，符合绿色食品相关要求。②在库房未发现保鲜剂使用痕迹。③产品包装材料符合绿色食品要求，申报绿色食品的产品包装上产品名称、商标等信息，与申报材料一致。

（3）检查废弃物处理

检查组查看了友稻公司的加工废弃物稻壳堆放区，核实其稻壳用于有机肥生产，生产废弃物的处理方法对周边环境和其他生物不产生污染。

（4）检查实验室

友稻公司实验室主要检测大米的感官指标和水分等项目。检测设备能够保障检测正常开展，检测人员持证上岗，记录健全，能够满足日常检测要求。

（5）查阅档案资料

检查组在档案室查阅了企业的各项档案资料。

核查各种证照 对营业执照、质量管理体系认证证书、食品加工许可证、商标注册证等证书的原件进行核查。

核查票据合同　核实土地流转合同、生产投入品与生产原料购销合同及票据的原件，确定其真实性和有效性。

查阅档案记录　查阅上一年度的原始生产记录、内部检查记录、培训记录等。档案记录中未发现不符合项。

3. 召开总结会

会前讨论　召开总结会前，检查组对申请人的具体情况进行讨论和风险评估，通过内部沟通形成现场检查意见：① 确定其各生产环节建立了合理有效的生产技术规程，操作人员能够了解规程并准确执行；② 评估了整体质量控制情况，企业建立了有效质量管理制度，在各生产场所均有制度“上墙”，制度能够有效落实，能够保证申报产品质量稳定；③ 评估了生产过程的投入品使用，确定其符合绿色食品标准要求；④ 评估了大米生产全过程对周边环境的影响，未发现造成污染。

组织召开总结会　① 检查组长向友稻公司通报现场检查意见，表示基地周边未发现污染源和潜在污染源，质量管理体系较为健全，生产技术与管理措施符合绿色食品相关标准要求，包装材料和形式符合相关标准要求，能够保证绿色食品产品的生产，现场检查合格。② 友稻公司董事长马某某对检查结果认可，并表示后续将定期开展绿色食品专题培训，并严格落实内部检查制度。③ 参会人员填写会议签到表。

（三）检查报告撰写

现场检查结束后，检查员完成现场检查报告。检查组于2019年9月25日将种植产品现场检查报告、加工产品现场检查报告、现场检查照片、会议签到表、现场检查发现问题汇总表等文件提交至山东省绿色食品发展中心。绿色食品现场检查通知书、绿色食品发现问题汇总表等文件留存企业一份。

（四）现场检查照片

现场检查各环节实地拍摄留存的照片见图3-1至图3-6。

图 3-1　相关人员在企业门口

注：从左至右依次为检查员A、检查员B，企业人员×××和×××。

图 3-2　首次会议现场

图 3-3　检查水稻基地

图 3-4　检查加工车间

图 3-5　检查仓库

图 3-6　总结会

二、牛奶绿色食品现场检查案例分析

——以宁夏夏进乳业集团股份有限公司的现场检查为例

受中国绿色食品发展中心的委派，2021年7月11—13日，4名具有种植、养殖和加工专业资质的绿色食品检查员（其中1名实习检查员）对宁夏夏进乳业集团股份有限公司（以下简称夏进公司）初次申请认证的纯牛奶实施了现场检查，检查时间选定在饲料或饲料原料（玉米、苜蓿等）、奶牛养殖和纯牛奶生产关键时段，以及病虫草害易发多发、质量安全风险较大的阶段。

（一）检查前准备

1. 了解申请人基本情况

检查组通过审阅申请材料，了解申请人基本情况和申报产品基本情况。

了解公司情况 夏进公司位于宁夏回族自治区吴忠市金积工业园区，成立于1992年，现为新希望乳业旗下公司，是一家国家级龙头企业，总资产7.8亿元。曾先后获得“中国名牌”“最具市场竞争力品牌”“中国优秀乳品加工企业”“中国奶业协会最具影响力品牌”“中国学生营养改善贡献企业”“宁夏企业100强”“宁夏十佳企业”等国家级、自治区级荣誉及资质。

了解生产情况 夏进公司签约牧场及园区约20个，2020年度年总产量22.83万吨、产品达80余种，涵盖灭菌乳、巴氏杀菌乳、调制乳、风味发酵乳、含乳饮料、乳味饮料、乳粉七大类。拟申请认证的产品纯牛奶年产量6000吨，只是公司的规模较小的单品之一，存在平行生产的情况。

确定重点检查环节 根据夏进公司实际，确定以下关键环节为本次现场检查的重点环节：① 产地环境与环境保护；② 质量管理体系的建立与运作情况；③ 饲料及饲料原料的来源、种植、储运与加工；④奶牛养殖与质量管理；⑤纯牛奶加工与质量控制。

2. 制订现场检查计划

明确检查组分工 明确检查员A为检查组组长，主要负责产地环境质量状况调查、质量管理体系和生产管理制度落实情况调查；检查员B主要负责奶牛养殖与纯牛奶加工环节质量管理与投入品使用情况调查；检查员C主要负责饲料与饲料原料的种植、加工、溯源及质量控制情况，负责相关访谈和实地调查活动的组织与开展；检查员D（实习检查员）根据实习检查需要参与相关关键环节的检查活动。

下达现场检查通知书 2021年7月2日，将绿色食品现场检查通知书及现场检查计划发送至申请人夏进公司，请申请人做好各项准备，配合现场检查工作，申请人签字确认后回复。

（二）开展现场检查

2021年7月11—13日，检查组到达夏进公司。现场检查过程中，对关键环节进行拍照留痕。

1. 召开首次会议

参会人员 在夏进公司二楼会议室召开首次会，会议由检查组长主持，检查组全体成员、相关技术专家，以及夏进公司董事长，技术部部长（内检员），饲料生产加工、奶牛养殖、产品加工等相关部门的负责同志参会。所有参会人员都进行了会议签到。

检查组明确检查目的与依据 首次会议上，检查组向申请人明确：此次检查目的为，检查申请产品产地环境、生产过程、投入品使用、包装、储藏、运输及质量管理体系等与绿色食品相关标准及规定的符合性；检查依据包括《中华人民共和国食品安全法》《中华人民共和国农产品质量安全法》《绿色食品标志管理办法》等相关法律法规，《绿色食品标志许可审查程序》《绿色食品现场检查工作规范》等工作规程，以及绿色食品标准与相关要求。

申请人介绍企业具体情况 以夏进公司董事长为主介绍了企业经营情况和产地环境、气候特征、申请产品的基本情况；夏进公司生产经理介绍了生产管理的具体情况，技术部部长（内检员）介绍了内检员实施内部检查工作的具体流程。据介绍，申报的纯牛奶产品主要是作为学生奶，该产品全部申报了绿色食品，就此申请认证的单品而言不存在同一单品的非绿色食品产品生产加工情况，针对其他未申报的非绿色食品产品，夏进公司建立了有效的平行生产管理制度。

明确现场检查具体安排 ① 检查组明确本次现场检查包括两个方面。一方面，核实质量管理体系和生产管理制度落实情况，核实饲料及饲料原料种植、奶牛养殖、牛奶加工、包装、储藏、运输等与申请材料的符合性，核实生产记录、投入品使用记录与申请材料的符合性；另一方面，调查并对产地环境质量状况及周边污染源情况进行风险评估，检查评估肥料、农药、兽药等投入品的使用情况等。② 确定检查时间为3天。③ 请公司配合现场检查工作，确定陪同人员。夏进公司董事长要求各部门配合现场检查工作，确定技术部部长（内检员）全程陪同现场检查工作。

2. 实地检查

检查组对申报产品的关键生产环节进行现场检查，检查过程随时进行风险评估。

（1）饲料（或原料）的检查

根据公司提供的申请材料并经现场核实，公司奶牛养殖使用的饲料及饲料添加剂包括玉米、青贮料（苜蓿）、稻草、麸皮、胡麻饼、预混料，均为外购。其中，宁夏欣庆草业有限公司提供玉米、青贮料（苜蓿），宁夏中桦雪食品科技有限公司提供麸皮，宁夏君星坊食品科技有限公司提供胡麻饼，宁夏大洋饲料科技有限公司提供预混料。检查组分别赴宁夏欣庆草业有限公司的玉米与青贮料

（苜蓿）生产基地，宁夏中桦雪食品科技有限公司面粉加工厂（麸皮）、宁夏君星坊食品科技有限公司加工厂（胡麻饼）现场检查。

玉米与青贮料（苜蓿）检查　夏进公司的玉米与青贮料（苜蓿）供方是宁夏欣庆草业有限公司，玉米与青贮料（苜蓿）生产的现场检查按照种植业产品现场检查程序，首先查验供方资质及供需关系相关材料的符合性，包括：① 饲料供应方的注册证明等资质；② 符合绿色食品证明材料，例如，玉米是全国绿色食品原料标准化生产基地备案企业的产品的证明材料；③ 购销合同、发票与检测报告；④ 贮运及出入库等档案记录。

在获得确认后，检查组赴供方位于巴浪湖农场二道湾的玉米基地与孙家滩开发区的苜蓿基地进行现场检查。重点检查核实：① 产地与产地环境；② 缓冲带和栖息地；③ 生产操作规程的执行与符合性；④ 土壤培肥、病虫草害管理和投入品的使用管理、风险评估；⑤ 记录档案、追溯体系建设与质量管理。检查员A侧重审核档案记录的完整性和科学性，检查员B侧重检查种植现场管理和投入品的现场检查，检查员C侧重随机访谈与证据收集，检查员D配合做好记录和证据收集整理。检查组认为，公司玉米、苜蓿种植产地环境良好，生产操作管理规范，产品质量稳定可靠，符合绿色食品饲料生产的要求。

其他外购饲料（原料）的检查　主要查验：① 合同；② 外购饲料供应方的注册证明等资质；③ 符合绿色食品证明材料；④ 发票与检测报告；⑤ 储运及出入库等档案记录。

（2）环境及设施条件检查

通过现场查验设施设备，调阅制度、文件、档案、记录，随机访问相关生产、加工、管理人员，分别检查以下几方面。

养殖场周边环境　夏进公司的绿色食品奶牛场位于宁夏吴忠市孙家滩种畜场四干渠末梢横沟北侧，栏舍面积达73000米^2，交通较方便、水质良好（采用地下深井经过净化处理水）、地势高燥、环境幽静，无有害气体、烟雾及其他污染源，远离学校、工矿、公共场所、居民住宅区等污染源。

养殖场内功能区设置 生活区、生产和饲养区、生产辅助区、污物处理区和病牛隔离区布局合理，且相互隔离。人员进出、饲料入场、产品出场及牛场废弃物出场等分别设置了出入口，不交叉，净污道分开。并且饲养区、生活区布置在场区的上风、高燥处，兽医室、产房、隔离病房、贮粪场和污水处理池布置在场区的下风、较低处，布局合理。

饲养硬件设施与条件 饲养区门口通道地面有消毒设施，包括消毒池、紫外消毒灯等。牛舍地面和墙面易于清洗，耐酸碱等消毒药液，便于清洗消毒；奶牛运动场地较开阔，有利于牛蹄健康。

（3）投入品及库房检查

奶牛与引种 养殖品种为荷斯坦奶牛，规模2500头，其中现有牛犊340头，产奶量约6000吨。公司自繁自育，不从外地引种。

饲料（草）仓库 检查时饲料原料、饲料添加剂、配合饲料、浓缩饲料和添加剂预混合饲料，具有其应有的色、嗅、味和组织形态特征，且符合绿色食品饲料使用准则的要求。检查中没有发现在奶牛饲料中添加使用除乳制品外的动物源性饲料原料（如肉骨粉、骨粉、血粉、羽毛粉、鱼粉等）。干草及秸秆类饲料储存条件良好，未使用化学药剂等。有专门的绿色食品饲料区且给予了明确标示，未发现使绿色食品奶牛养殖禁用的成分，饲料库房条件及规模完全满足绿色食品养殖的需要。但是，现场检查中还发现仓库中除规程与记录中记载和体现外，还有大量其他外购饲料或原料，如棉粕等，应予清理或处理。在检查中，检查员A侧重于查验制度、规程落实情况；检查员B侧重于对饲料（原料）等来源的发票票据、记录档案等进行逐项核查，确保年购买量能够满足饲养需要；检查员C侧重于随机访问了该环节工作人员，掌握和核实养殖管理一手材料，及绿色食品管理到位到岗的情况；检查员C配合检查员B进行核查查验。

兽药、兽医与疾病防控　检查中发现：① 设有兽医，设置了专用兽医室和兽药储存场所；② 凭兽医处方用药，用药较规范；③ 建立并有专人管理药品采购、使用的台账，有兽药管理使用的相关制度，采购、使用、药品的保质期等记录完整。

（4）消毒与卫生管理

养殖消毒　通过现场查看，查验管理的制度、操作和记录等发现：① 牛舍消毒管理严格，现场检查组进入时严格按照防疫要求着装、防护；② 场区环境进行了定期消毒，药物使用较规范且有记录，基本符合绿色食品管理要求，包括场区环境、牛舍消毒，污水池、排粪坑和下水道消毒，公共场所（如更衣室、淋浴室、休息室、厕所）消毒等；③ 对用具定期使用有效的消毒剂消毒，如兽医用具、助产用具、配种用具、挤奶设备和奶罐车；④ 饲料运输工具和装卸场地定期清洗和消毒，不使用运输畜禽等动物的车辆运输饲料产品；⑤ 对带牛环境进行了有效消毒，并且在挤奶前进行了有效的消毒。

工作人员健康与卫生管理　① 工作人员每年进行健康检查并取得健康合格证，有职工健康档案；② 饲养员和挤奶员着装、清洁符合绿色食品管理要求，挤奶员工作时不佩戴饰物，不使用化妆品，经常修剪指甲。

（5）免疫与治疗

免疫　夏进公司严格执行《中华人民共和国动物防疫法》及其配套法规的相关规定，每周进行1次全场消毒，2次蹄药浴。每年3—4月全群无毒炭疽芽孢苗的防疫注射，密度不低于95%。每年进行4次口蹄疫3价疫苗注射。结合实际情况制定疫病监测方案，每年进行一次布鲁氏菌病及结核病全群检疫，检疫不合格者进行立即淘汰。

疾病治疗 奶牛主要疾病是乳房炎，使用的治疗药物是注射用青霉素钠、注射用头孢噻呋，治疗后分别严格执行3天和7天的停药期。未发现其他禁限用药物。

（6）奶牛日常管理

犊牛饲养 犊牛尽量自然分娩，减少助产。新生犊牛立即擦干全身黏液转入犊牛保温室，对脐带用8%～10%碘酊消毒。对新生犊牛进行称重登记、打耳标、建档立卡。出生第三天开始添加犊牛开始料，诱导犊牛开始料采食，15～20天犊牛去角，90天断奶。断奶犊牛主要饲喂优质稻草和犊牛料，犊牛料成分主要包括玉米、胡麻饼、麸皮和预混料（硫酸亚铁、碘酸钙、氯化钴、硫酸铜、硫酸锰、硫酸锌、亚硒酸钠、氯化钠、碳酸钙、磷酸氢钙、氧化镁、维生素A、维生素D、维生素E）。

后备牛饲养 分群饲养，保证营养，每日两次全混合日粮（TMR）的投喂。饲料组成是青贮料、稻草、胡麻饼、玉米和预混料（硫酸亚铁、碘酸钙、氯化钴、硫酸铜、硫酸锰、硫酸锌、亚硒酸钠、氯化钠、碳酸钙、磷酸氢钙、氧化镁、维生素A、维生素D、维生素E）。

成母牛饲养 泌乳牛每天饲喂3次TMR，饲料组成是青贮料、胡麻饼、玉米、稻草、麸皮和预混料（硫酸亚铁、碘酸钙、氯化钴、硫酸铜、硫酸锰、硫酸锌、亚硒酸钠、氯化钠、碳酸钙、磷酸氢钙、氧化镁、维生素A、维生素D、维生素E）。

（7）挤奶与生鲜牛奶储运

检查发现，夏进公司有阿菲金并列式自动脱杯挤奶机两套、机械化挤奶设备，以及配套的冷藏储罐、运输罐车，且所有设施设备状态完好，也与生产规模相匹配相适应。挤奶时间是7时、13时及

20时，严格按挤奶操作程序挤三把奶。生鲜牛乳存乳容器是不锈钢等材料的，符合绿色食品的要求。生鲜牛奶单间存放，挤下的牛奶30分钟内迅速冷却到4℃，与牛舍隔离并且有防尘、防蝇、防鼠的设施，生鲜牛奶使用密闭的、清洁的经消毒的冷藏奶罐车装运，挤奶及储运设备有清洗系统，能保证有效清洗。

（8）质量检验与不合格品处理

检验室及检测条件　场内设有与生产能力相适应的微生物和产品质量检验室，并配备工作所需的仪器设备（如温度计、乳汁计、乳脂计、酸碱滴定管、离心机、培养箱、高压灭菌锅、冰箱、试管、量筒、培养皿和三角瓶等）和经专业培训、考核合格的检验人员。

不合格品（非商品）及其处理　乳初乳（产后7天内）、病牛所产乳和休药期所产乳不作为商品乳出售，一般有抗奶、0～7天初乳进行巴氏灭菌或其他方式杀菌消毒后饲喂小牛，有相关处理记录。

（9）病死牛及无害化处理

死奶牛，无论是病死还是自然死亡均须深埋处理或通知兽医站处理。如果是病死，及时向场长进行报告，由场长组织人员分析死亡原因，并进行登记，基地设专门的深埋坑，深埋坑的深度在4米以上，并有明确的标识；必须进行记录，并将处理过程向认证机构报告，及时通知当地动物防疫监督机构。

（10）废物处理与环境保护

夏进公司采用美国进口USFfarm 粪污处理系统，粪水进行循环利用冲洗牛舍，沉淀沼渣进行还田，上层分离纤维晾干后用于铺垫卧床。牛粪由综合牧业开发公司清理组进行堆肥或向绿色肥生产企业进行出售，做到每天定期清理养殖区的奶牛粪，牛粪经过干湿分离，堆肥50天以后，达到施肥的条件由综合牧业开发公司清理组定期将堆肥好的牛粪运到种植地。其他废弃物的处理，包括废弃的包装物、饲料加工的废料等，应进行重复利用；对于会造成环境影响的物品，应采取相应的措施进行处理。对褥草和污物等废弃物进行了无害化处理或重复利用，养殖过程中，未对所在地的地表水及地下水造成污染。

（11）牛奶加工现场检查

夏进公司的牛奶加工厂位于宁夏吴忠市金积工业园区，远离工矿区和公路铁路干线，厂周围5千米，主导风向的上风向20千米无工矿企业、医院、垃圾处理场等污染源，环境良好。牛奶加工工艺见图3-7。

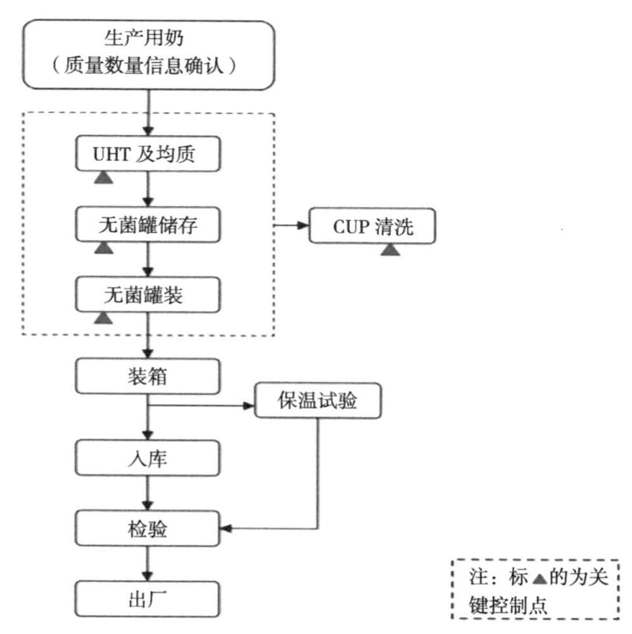

图 3-7　牛奶加工流程

牛奶加工现场检查的组织与关键环节参照加工类认证产品的现场检查，此处不做详述。

（12）查阅档案资料

检查组在档案室查阅了企业的各项档案资料。

核实证照 对营业执照、食品生产许可证、商标注册证、动物防疫合格证、生鲜乳收购许可证的原件进行核实。

核查票据合同 核实基地来源及相关权属证明、投入品及饲料（原料）来源和证明、投入品及饲料（原料）购销合同及票据的原件，确定其真实性和有效性。

质量体系核查 现场核实了加工厂区平面图、养殖基地位置图、养殖场所布局平面图、设备布局图等与实际符合的情况，核实了质量管理制度、程序文件和生产操作规程（疫病防治、药物与饲料使用管理）、生产操作指南的执行情况；确认了组织机构设置及其相关岗位的责任和权限、可追溯体系、内部检查体系的有效性等。

查阅档案记录 查阅上年度及本年度相关的原始生产记录、内部检查记录、培训记录等。查阅玉米生产档案记录，发现曾使用33%二甲戊灵乳油90克/亩除草，具体为2021年4月8日玉米播种，2021年6月20日用药，与现场访谈中介绍的采取玉米播前用药的情况不符合，要求公司立即整改。未发现其他不符合项。

3. 召开总结会

会前讨论 召开末次会议前，检查组对申请人的具体情况进行讨论和风险评估，通过内部沟通形成现场检查意见：① 确认夏进公司各生产环节建立了合理有效的生产技术规程，操作人员能够了解规程并准确执行；② 评估了整体质量控制情况，申报产品存在同时生产其他非绿色食品产品的问题，但企业建立了有效的区别管理制度，在各生产场所均有制度“上墙”，制度能够有效落实，能够保证申报产品质量稳定；③ 评估了生产过程的投入品使用，确定其符合绿色食品标准要求；④ 评估了奶牛养殖和生鲜牛奶加工全过程对周边环境的影响，未发现造成污染。

组织召开总结会 ① 检查组长向夏进公司通报现场检查意

见，表示基地周边未发现污染源和潜在污染源，质量管理体系较为健全，生产技术与管理措施符合绿色食品相关标准要求，包装材料和形式符合相关标准要求，能够保证绿色食品产品的生产，现场检查合格。企业存在平行生产问题，虽已建立有效的区别管理制度，但后续仍应加大培训力度和监管力度。② 夏进公司董事长对检查结果认可，并表示后续将定期开展绿色食品专题培训，并严格落实内部检查制度。③ 参会人员填写会议签到表。

（三）检查报告撰写

现场检查结束后，检查员完成现场检查报告。检查组于2021年7月14日将种植产品现场检查报告、畜禽产品现场检查报告、加工产品现场检查报告、现场检查照片、会议签到表、现场检查发现问题汇总表等文件提交至中国绿色食品发展中心。绿色食品现场检查通知书、绿色食品发现问题汇总表等文件留存企业一份。

（四）现场检查照片

现场检查各环节实地拍摄留存的照片见图3-8至图3-16。

图3-8　首次会议

注：左侧分别为检查员A、检查员B、检查员C、检查员D。

图 3-9　检查饲料种植基地

图 3-10　检查饲料仓库

图 3-11　检查养殖区域

图 3-12　挤奶车间

图 3-13　牛奶加工车间

图 3-14　储奶罐区

图 3-15　检查档案资料

图 3-16　总结会

三、茶叶绿色食品现场检查案例分析

——以绍兴市柯桥区大越山农茶厂的现场检查为例

浙江省农产品质量安全中心（浙江省绿色食品管理办公室）于2021年3月20日收到绍兴市柯桥区大越山农茶厂的绿色食品申报材料，申报产品为绿茶（龙井茶）。申报材料审查合格，浙江省农产品质量安全中心向申请人下发了绿色食品申请受理通知书，并决定委派2名具有种植和加工专业资质的绿色食品检查员，计划于2021年4月28日对申请人实施现场检查。检查时间选择在茶叶生产加工季节。

（一）检查前准备

1. 文件初审

检查组接到委派任务后，首先对申请材料进行了文件审核，初步了解申请人和申报产品的基本情况。

了解基地情况 申请人的生产基地位于浙江省绍兴市南部山区——柯桥区王坛镇舜皇村，成龄茶园，面积为380亩，土地属性为租赁承包经营，合同承包期限为30年。

了解生产加工情况 申请人是一家集茶叶生产、加工和销售于一体的私营企业，产品为绿茶（龙井茶），不存在平行生产。

确认检查范围 检查组现场要检查茶园的生产管理过程和茶叶加工过程，重点关注茶园投入品的使用、生产管理规程和加工包装贮存规程的执行情况等。

2. 制订现场检查计划

检查组长（检查员A）根据申请材料的初审信息，制订了现场检查计划，明确了检查组人员分工和具体检查要点：检查员A主要负责产地环境质量状况及周边污染源情况调查，茶叶加工过程以及产品包装、储藏、运输等情况调查；检查员B主要负责检查生产过程中茶园土壤管理和病虫害防治情况，关注农药、化肥等投入品的使用，以及调查申请人质量管理体系和生产管理制度落实情况等。

检查组准备好现场检查所需要的资料和物品，包括《绿色食品　茶叶》（NY/T 288）等相关标准与法律法规文件，以及检查报告、签到表、现场检查发现意见汇总表、拍照设备等。

3. 下发现场检查通知书

2021年4月21日，将绿色食品现场检查通知书和现场检查计划发送至申请人，请申请人做好各项准备，配合现场检查工作，申请人签字确认后回复。

（二）现场检查

2021年4月28日，检查组对申请人绍兴市柯桥区大越山农茶厂开展了现场检查。在现场检查过程中，检查组对所有环节进行了拍照留痕。

1. 首次会议

参会人员　在茶厂会议室召开了首次会议，会议由检查组长（检查员A）主持。企业负责人周某某、品控部部长（绿色食品内检员）董某某、生产部部长张某某、仓库管理员李某某等参加会议。参会人员填写会议签到表。

检查组明确检查目的与依据　检查组向申请人介绍了此次检查目的和检查依据。检查目的是确认申请产品产地环境、生产过程、投入品使用、包装、储藏、运输及质量管理体系等与绿色食品相关标准及规定的符合性；检查依据为《中华人民共和国食品安全法》《中华人民共和国农产品质量安全法》《绿色食品标志管理办法》等相关法律法规，《绿色食品标志许可审查程序》《绿色食品现场检查工作规范》等工作规程，《绿色食品　茶叶》（NY/T 288）、《绿色食品　产地环境质量》（NY/T 391）、《绿色食品　农药使用准则》（NY/T 393）、《绿色食品　肥料使用准则》

（NY/T 394）、《绿色食品　包装通用准则》（NY/T 658）、《绿色食品　储藏运输准则》（NY/T 1056）等绿色食品标准，产品标准《地理标志产品　龙井茶》（GB/T 18650），以及相关要求。

申请人介绍企业情况　企业负责人周某某介绍了企业生产经营和申请产品的基本情况，品控部部长（绿色食品内检员）董某某介绍了茶园生产管理和茶叶加工的情况，通报了本年度实施内部检查的过程和结果。检查组对疑点问题与相关人员进行了沟通。

明确现场检查安排　①检查组介绍了本次现场检查的检查内容、检查方法、检查场所及具体时间安排等，并就检查计划的细节与申请人做了进一步确认和沟通。②确定检查时间为1天，共计2人·日。③要求企业配合现场检查工作，并确定陪同人员。企业负责人周某某要求各部门配合现场检查工作，并和内检员董某某全程陪同现场检查工作。

保密承诺　检查组向申请人宣读了保密承诺：检查组对在完成本次检查中所接触到的受检查方所有信息负有保密责任，未经受检查方许可不向第三方透露。

2. 实地检查

（1）对生产环节（茶园）现场检查

产地环境调查　申请基地远离城区和交通主干线，生态环境良好，周边无污染源；山林包围，植被丰富，与常规生产区域之间形成天然屏障。当地降水量充沛，能够满足茶树生长需要，基地未建立人工灌溉设施。检查组对照申请资料描述的茶园位置和基地图，现场核实与实际情况一致。

茶园培肥管理调查　茶园土壤为黄壤土，肥力一般。企业每年通过沟施菜籽饼肥（饼粕）来进一步提高土壤肥力。据调查，饼粕采购自当地榨油作坊，系采用纯物理方式压榨。

病虫草害防治调查　经调查，山农茶厂基地茶园虫害主要是假眼小绿叶蝉和茶尺蠖，茶厂以粘虫板、诱虫灯等物理方法防治为主，并通过及时采摘、提早修剪等农艺措施控制；小面积茶园有轻微炭疽病发生，主要通过冬季石硫合剂清园进行防治。茶园杂草防治采用人工锄除和铺防草布相结合的方法，效果不错，但成本较高。

鲜叶采运调查 鲜叶采摘方式为手采，盛装器具为茶厂统一制作的茶篓。采茶工步行运送鲜叶至加工厂，仅需5～8分钟的路程。

生产资料库房检查 申请人设立了肥料专用库房和植保产品库房。现场检查看到，肥料库房中堆放有部分未用完的饼粕，植保产品库房存放有石硫合剂晶体，以及5台小型喷雾器，未发现有绿色食品标准禁用物质存放。

（2）对加工环节（加工厂）现场检查

生产资质 茶叶属于食品类行政许可产品，经核查，该茶厂获得了食品生产许可证（证书号：SC11433062100830），许可品种为绿茶（龙井茶），证书有效期至2022年12月4日。

加工厂环境 加工厂区围墙封闭，周边无污染源。现场查看加工车间、包装车间、仓库环境清洁，门窗完好，各项规章制度“上墙”明示。

加工工艺流程 采用龙井茶标准化加工工艺，原料全部为茶鲜叶，不使用任何添加剂。加工设备采用电作为能源。加工过程中不使用加工用水，清洁用水采用自来水。

平行加工 经调查，鲜叶原料全部来自申请人自有基地，即本次申请绿色食品的茶园基地，没有收购外部鲜叶，不存在平行加工。

包装与储藏 产品内包装材料为食品级复合铝箔袋，外包装为纸罐、纸盒，包装标签标识清楚。企业保存有包装印制单位提供的生产许可证和相关检测报告。茶叶专用保鲜库（冷库）储藏成品茶叶，现场检查未发现有其他物品存放。

审评与检验 企业按标准建立了审评室和检验室，主要用于茶叶感官审评和茶叶中水分、灰分等项目的检测。经现场核实，检测设备检定合格有效，实验人员持证上岗，记录健全，能够满足日常检测要求。

（3）人员访谈

在整个茶园和加工厂的检查过程中，通过对生产人员张某某、技术人员陈某某、仓库管理员李某某进行访问，核实到企业实际生产管理情况与申请材料基本一致，绿色食品相关技术标准和要求都能够在生产加工过程中得到落实。

（4）查阅文件、记录

查阅文件 检查组现场查阅了申请人营业执照、食品生产许可证、商标注册证、质量管理手册、生产加工操作规程、茶园承包合同、基地图、人员健康证、计量器具检定证书、包装材料检测报告等，均真实有效。

查阅记录 检查组现场查阅了茶园管理（施肥、喷药、锄草、修剪等）记录、鲜叶采摘记录、加工记录、出入库记录、运输记录、销售记录、有害生物防治记录、内部检查记录、培训记录等，以及饼肥、石硫合剂的购买记录和发票，进一步核实了申请人生产和管理的执行情况及控制的有效性，未发现不符合项。

3. 召开总结会

会前讨论 在召开总结会之前，检查组先进行了内部沟通，对申请人的具体情况进行讨论和风险评估，并形成现场检查意见：① 评估了基地产地环境质量和加工厂环境符合绿色食品标准的要求；② 明确各生产环节均建立了合理有效的生产技术规程，操作人员了解规程并能够准确执行；③ 明确了企业不存在平行生产，农药、肥料等投入品使用符合绿色食品标准要求；④ 评估了茶叶生产全过程对周边环境的影响，未发现造成污染。

组织召开总结会 ① 总结会由检查组长主持，参会人员填写会议签到表。② 检查员A和检查员B分别向申请人详细通报了各自的检查发现并交换意见，之后检查组长宣读了本次现场检查结论：基地生态环境良好，周边未发现污染源，质量管理体系较为健全，生产加工技术与管理措施符合绿色食品相关标准要求，能够保证绿色食品产品的质量，现场检查合格。同时，提醒企业负责人和管理人员要关注绿色食品相关的法规标准的修订变化。③ 企业负责人周某某对检查发现和检查结果认可，并表示后续将加强对绿色食品标准和相关法规的培训学习，并严格落实内部检查制度。

（三）检查报告撰写

现场检查结束后，检查组根据现场检查情况完成了绿色食品现场检查报告，于2021年5月15日将种植产品现场检查报告、加工产品现场检查报告、现场检查照片、会议签到表、现场检查发现问题汇总表等文件提交至浙江省农产品质量安全中心。绿色食品现场检查通知书、绿色食品发现问题汇总表等文件留存企业一份。

（四）现场检查照片

现场检查各环节实地拍摄存留照片见图3-17至图3-26。

图3-17　相关人员在企业门口

注：从左至右依次为检查员B、检查员A，企业人员×××、×××和×××。

图3-18　首次会议

图 3-19　茶园环境

图 3-20　检查茶园

图 3-21　生产资料仓库

图 3-22　加工厂冷库

图 3-23　检查加工厂

图 3-24　检验室

图 3-25　人员访谈

图 3-26　总结会

四、水产品绿色食品现场检查案例分析

——以重庆纳垚农业开发有限公司的现场检查为例

重庆市黔江区农产品质量安全中心于2020年6月16日收到重庆纳垚农业开发有限公司提交的绿色食品申报材料，企业申报产品为草鱼、鲤鱼、鲫鱼、花鲢、大闸蟹5个产品。重庆市黔江区农产品质量安全中心于2020年8月27日向企业出具了绿色食品受理通知书、受理审查报告、现场检查通知书，通知书得到了企业的确认，并通知企业于9月21日检查员到企业实施现场检查（注：重庆市于2018年出台了绿色食品认证实施细则，委托区县开展受理、初审、现场检查等工作，本次检查就是由区县工作机构实施的现场检查工作）。

（一）现场检查前准备

1. 了解申请人基本情况

确定检查组成员构成（由重庆市农产品质量安全中心协调外区县具有水产养殖资质检查员），检查组通过审阅申请材料，了解申请人基本情况和申报产品基本情况。

了解基地情况　重庆纳垚农业开发有限公司基地位于黔江区太

极乡李子村二组，池塘土地属性为公司自有，养殖方式为池塘养殖。

了解生产情况 基地池塘养殖淡水鱼类有：草鱼、鲤鱼、鲫鱼、花鲢、大闸蟹5个产品，全品种全面积申报绿色食品，企业不存在平行生产。

确定重点检查环节 现场检查需要检查池塘养殖的各个环节，重点应关注养殖用水水源，饲料、渔药使用情况，养殖废水的排放等环节。

2. 制订现场检查计划

明确检查组分工 明确检查员A为检查组组长，主要负责产地环境质量状况、养殖水源、周边污染源情况调查，质量管理体系和生产管理制度落实情况、生产过程记录情况等调查。检查员B主要负责鱼种来源以及鱼种投放前的消毒处理措施，养殖过程中鱼饲料来源及饲喂情况，鱼病预防与治疗情况，商品鱼捕捞、储藏和运输等情况调查等。

下发现场检查通知书 2020年8月27日，将绿色食品现场检查通知书及现场检查计划发送至申请人重庆纳垚农业开发有限公司，请申请人做好各项准备，配合现场检查工作，申请人签字确认后回复。

（二）开展现场检查

2020年9月21日，检查组到达重庆纳垚农业开发有限公司。现场检查过程中，对所有环节进行拍照留痕。

1. 召开首次会议

参会人员 在重庆纳垚农业开发有限公司会议室召开首次会，公司经理何某某、基地技术负责人（绿色食品内检员）杨某参会。参会人员填写会议签到表。

检查组明确检查目的与依据 首次会议由检查组组长（检查员A）主持，检查组向申请人明确：此次检查目的为，检查申请产品产地环境、生产过程、投入品使用、包装、储藏、运输及质量管理体系等与绿色食品相关标准及规定的符合性；检查依据包括《中华人民共和国食品安全法》《中华人民共和国农产品质量安全法》《绿色食品标志管理办法》等相关法律法规，《绿色食品标志许可审查程序》《绿色食品现场检查工作规范》等规程，以及绿色食品标准与相关要求。

申请人介绍企业具体情况　重庆纳垚农业开发有限公司经理何某某介绍了企业经营情况和产地环境、养殖水水源、养殖品种及鱼种来源、申请认证产品等基本情况，养殖技术负责人（绿色食品内检员）杨某某介绍了养殖生产管理的具体情况，如饲料来源、鱼病防治情况，以及内检员实施内部检查工作的具体流程。经检查组核实，该企业的水产品是全品种足量申报绿色食品，不存在平行生产的情况。

明确现场检查具体安排　①检查组明确本次现场检查包括两个方面。一方面，核实质量管理体系和生产管理制度的落实情况，核实养殖技术规程及包装、储藏、运输等与申请材料的符合性，核实生产记录、投入品使用记录与申请材料的符合性。另一方面，调查并评估产地环境质量状况及周边污染源情况，检查并评估饲料、渔药等投入品的使用情况，检查并评估养殖废水的排放等情况。②确定检查时间为1天。③要求企业配合现场检查工作，并确定陪同人员。该公司经理何某某和养殖技术负责人（内检员）杨某全程陪同现场检查工作。

2. 实地检查

（1）对养殖环节进行现场检查

检查组对申报产品的全部生产环节进行现场检查，检查过程随时进行风险评估。

检查养殖基地　①养殖池塘基地三面临山，环境质量状况良好，周边无污染源。②养殖水来源为基地上方水库水，水样定期检测，不存在污染源和潜在污染源。③ 投入品：养殖饲料为外购大豆、玉米等绿色食品饲料原料加池塘小杂鱼自制饲料；池塘消毒剂石灰、渔药等投入品符合绿色食品相关要求。④ 随机访问养殖工人，他们对绿色食品标准和养殖技术规范有一定了解。

（2）对库房进行现场检查

检查组对生产资料库房进行了现场检查，查阅了出入库记录，并进行了随机访问与实地检查。

检查饲料原料库房 ① 企业有专门的饲料库房，库房存放有绿色食品黄豆和玉米。② 检查员A访问了库房管理员，核实内检员职责是否能有效落实。

检查渔药库房 在渔药库房发现有池塘消毒用剩余的生石灰，没有其他渔药库存。

（3）对废池塘养殖废水的处理检查

池塘都是单排单灌，养殖废水排放达到要求。

（4）对档案资料检查

核查各种证照 对营业执照、质量管理体系认证证书、养殖许可证、商标注册证等证书的原件进行核查。

核查票据合同 核实土地流转合同、生产投入品与原料的购销合同及票据原件，确定其真实性和有效性。

查阅档案记录 查阅上一年度的原始生产记录、内部检查记录、培训记录等。档案记录中未发现不符合项。

3. 召开总结会议

会前讨论 召开总结会前，检查组对申请人的具体情况进行讨论和风险评估，通过内部沟通形成现场检查意见：① 确定其各生产环节建立了合理有效的生产技术规程，操作人员能够了解规程并准确执行；② 评估了整体质量控制情况，企业建立了有效质量管理制度，在各生产场所均有制度“上墙”，制度能够有效落实，能够保证申报产品质量安全稳定；③ 评估了生产过程的投入品使用，确定其符合绿色食品标准要求；④ 评估了养殖基地对周边环境的影响，未发现有造成污染的风险。

组织召开总结会　① 检查组长向重庆纳垚农业开发有限公司通报现场检查意见，表示基地周边未发现污染源和潜在污染源，质量管理体系较为健全，养殖技术与管理措施符合绿色食品相关标准与要求，包装和运输符合相关标准与要求，能够保证绿色食品产品的生产，现场检查合格。② 该公司经理何某某对检查结果认可，并表示后续将定期开展绿色食品专题培训，并严格落实内部检查制度。③ 参会人员填写会议签到表。

（三）检查报告撰写

现场检查结束后，检查员完成现场检查报告。检查组于2020年9月30日将水产品现场检查报告、现场检查照片、会议签到表、现场检查发现问题汇总表等文件提交至重庆市农产品质量安全中心。绿色食品现场检查通知书、绿色食品发现问题汇总表等文件留存企业一份。

（四）现场检查照片

现场检查各环节实地拍摄存留的照片见图3-27至图3-33。

图3-27　首次会议

注：从左至右依次为检查员A、企业人员杨某、企业人员何某某、检查员B。

图 3-28　检查养殖区域

图 3-29　检查饲料库房

图 3-30　检查消毒剂等投入品库房

图 3-31　检查档案资料

图 3-32　检查质量管理制度

图 3-33　总结会

五、食用菌绿色食品现场检查案例分析

——以陕西国人菌业科技产业园有限公司的现场检查为例

陕西省农产品质量安全中心于2020年12月16日收到陕西国人菌业科技产业园有限公司（以下简称国人菌业）的绿色食品申报材料，企业申报产品包括香菇、平菇、杏鲍菇、银耳、猴头菇（干）。申报材料审查合格。决定委派2名具有种植专业资质和食用菌专业能力的绿色食品检查员，于2021年1月8日对该企业实施现场检查，检查时间选择在猴头菇（干）、香菇、平菇、杏鲍菇、银耳生产过程中易发生质量安全风险的阶段。

（一）检查前准备

1. 了解申请人基本情况

检查组通过审阅申请材料，了解申请人基本情况和申报产品基本情况。

了解基地情况 国人菌业位于陕西省宝鸡市陈仓区慕仪镇，土地属性为公司自有。

了解生产情况 国人菌业主产食用菌18个品种，申报的香菇、平菇、杏鲍菇、银耳、猴头菇（干）为其中5个产品，存在平行生产。

确定重点检查环节 现场检查需要检查平菇、香菇、杏鲍菇、银耳、猴头菇的生产环节，以及猴头菇（干）的干制环节。

2. 制订现场检查计划

明确检查组分工 明确检查员A为检查组组长，主要负责产地环境质量状况及周边污染源情况调查、质量管理体系和生产管理制度落实情况调查；检查员B主要负责食用菌基质组成及农药等投入品的使用情况调查、干制过程食品添加剂的使用情况调查、消毒情况调查等。

下发现场检查通知书 2021年1月4日，将绿色食品现场检查通

知书及现场检查计划发送至申请人国人菌业，请申请人做好各项准备，配合现场检查工作，申请人签字确认后回复。

（二）开展现场检查

2021年1月8日，检查组到达陕西国人菌业科技产业园有限公司。现场检查过程中，对所有环节进行拍照留痕。

1. 召开首次会议

参会人员 在国人菌业会议室召开首次会，国人菌业董事长陈某、总经理陈某某、生产厂长闫某某、生产部技术员孙某某、仓库管理宁某某、品控部部长（绿色食品内检员）张某某参会。参会人员填写会议签到表。

检查组明确检查目的与依据 首次会由检查组组长（检查员A）主持，检查组向申请人明确此次检查目的：检查申请产品产地环境、生产过程、投入品使用、包装、储藏、运输及质量管理体系等与绿色食品相关标准及规定的符合性。检查依据包括《中华人民共和国食品安全法》《中华人民共和国农产品质量安全法》《绿色食品标志管理办法》等相关法律法规，《绿色食品标志许可审查程序》《绿色食品现场检查工作规范》等规程，以及绿色食品标准与相关要求。

申请人介绍企业具体情况 国人菌业董事长陈某介绍了企业经营情况和产地环境、气候特征、申请产品的基本情况，生产厂长闫某某介绍了生产管理的具体情况，品控部部长（绿色食品内检员）张某某介绍了内检员实施内部检查工作的具体流程。检查组了解到，申报的5个产品均足量申报绿色食品，不存在同类非绿色食品产品的情况，针对其他未申报的非绿色食品产品，公司建立了有效的区别管理制度。

明确现场检查具体安排 ①检查组明确本次现场检查包括两个方面。一方面，核实质量管理体系和生产管理制度落实情况，核实生产加工过程及包装、储藏、运输等与申请材料的符合性，核实生产记录、投入品使用记录与申请材料的符合性；另一方面，调查并评估产地环境质量状况及周边污染源情况，检查并评估食用菌基质组成及农药等投入品的使用情况等。② 确定检查时间为1天。③ 要求国人菌业配合现场检查工作，并确定陪同人员。国人菌业董事长陈某某要求各部门配合现场检查工作，确定陈某某和内检员张某某全程陪同现场检查工作。

2. 实地检查

（1）对生产环节进行现场检查

检查组对所有申报产品的全部生产环节进行现场检查，检查过程随时进行风险评估。

检查菌种车间 ① 查看购买票据，核实国人菌业菌种母种从三明食用菌研究所购买；查看生产记录，核实国人菌业对母种进行复壮提纯后检验、转管扩种。② 培养基的成分和来源符合绿色食品相关要求。③ 使用125毫克/千克二氧化氯溶液和臭氧对空间进行消毒，使用的灭菌设备、接种工作台、消毒药品等符合绿色食品相关要求。

检查拌料装袋车间 该环节涉及拌料装袋设备和加工水的使用。① 经查阅记录，观察现场使用痕迹，确定国人菌业拌料装袋所用方法、设备等符合绿色食品相关标准要求。② 加工水来源为国人菌业自有井的地下水，水样定期检测，不存在污染源和潜在污染源。③ 该环节不使用消毒剂。

检查灭菌接种车间 根据国人菌业实际生产情况，菌袋由传送带从装袋车间传送至灭菌接种车间，由于接种车间为净化车间，检查员通过监控设备对该环节进行了检查，该环节分为灭菌间、缓冲区和接种间3个区域。主要风险点为消毒药品的使用，检查组通过查阅记录、随机访问工作人员，确定该环节使用酒精对接种工作台进行消毒，使用臭氧机对空间进行消毒。灭菌接种环节符合绿色食品相关要求。

检查发菌室 ①国人菌业不同食用菌菌棒存放在不同的发菌室，发菌室门口标识清晰，室内可控温，可以满足不同品种食用菌的发菌需要。②发菌环节主要风险点为消毒剂的使用，通过随机访问工人，确定该环节使用臭氧进行空间消毒，现场未发现消毒剂的使用痕迹。

检查出菇场所 国人菌业香菇、平菇采用大棚上架出菇，杏鲍菇、银耳、猴头菇采用智能冷房上架出菇。①菇房布局合理，通过查阅相关记录，核实出菇过程的相关参数控制与申报材料一致，生产过程未发现污染源。②生产用水来源于自有井的地下水，不存在污染源和潜在污染源。③通过查阅生产记录、随机访问工人、调查使用痕迹等，核实了香菇、平菇的生产使用石灰对大棚进行地面消毒；杏鲍菇、银耳、猴头菇的生产使用臭氧和125毫克/千克二氧化氯溶液对智能冷房进行空间消毒，符合绿色食品相关要求。④食用菌的主要病虫害为真菌病害、细菌病害、菇蝇等。现场检查时，在香菇、平菇种植大棚里，看到使用粘蝇纸诱杀菇蝇；看到受杂菌感染的菌棒集中收集后清出大棚。未发现出菇期使用药剂的痕迹。

检查猴头菇干制环节 ①国人菌业对猴头菇采用烘干方式进行干制，烘干过程为温度控制，不使用药剂。②通过查阅记录，确定猴头菇的干制与其他食用菌的干制采取时间上的隔离，可以有效防止绿色食品与非绿色食品的混杂和污染。

（2）对库房进行现场检查

检查组对基质原料存放场所、生产资料库房、成品库进行了现场检查，通过查阅出入库记录、随机访问，实地检查等过程，重点评估绿色食品与非绿色食品的区别管理是否有效。

检查基质原料库房 ① 原料存放区域，绿色食品基质原料与非绿色食品基质原料分区存放，标识清晰。② 绿色食品基质原料区存放的原料包括玉米芯、木屑、豆粕、玉米粉、麸皮、石膏、石灰。经查阅申报材料，杏鲍菇基质原料包括玉米芯、木屑、豆粕、玉米粉、麸皮、石膏、石灰；银耳基质原料包括木屑、麸皮、玉米粉、石膏；猴头菇基质原料包括木屑、豆粕、麸皮、石膏；平菇基质原料包括木屑、杏鲍菇废料、玉米芯、麸皮、石膏；香菇基质原料包括木屑、麸皮、玉米粉、石膏。绿色食品基质原料存放区存放的原料类别能够满足申报产品的要求。③ 检查员B对基质原料来源票据进行了逐项核查，基质原料来源固定，原料年购买量能够满足作物生产要求。其中，豆粕有非转基因证明，符合绿色食品要求。基质原料的堆放场所环境未发现不符合项。④ 检查员A随机访问了该环节工作人员，核实质量控制规范的落实情况，确认基质配方单上必须有内检员签字才可实施装袋。该环节符合绿色食品相关要求。

检查生产资料库房 ① 绿色食品与非绿色食品生产资料分区存放，各类生产资料产品分区存放，且标识清晰。② 发现在绿色食品生产库存区存有石灰、二氧化氯、粘蝇纸、菌袋、包装箱等，未发现绿色食品不得使用的物质。③ 检查员A访问了库房管理员，核实内检员职责是否能有效落实，了解到生产资料购买前须内检员签字确认。

检查成品库 平菇、香菇、银耳、杏鲍菇鲜品存放于冷库，猴头菇干品存放于常温库房。① 经过访问库房搬运工，核实食用菌在库房仅为短时间暂存，随后对鲜品采用低温运输，通过查阅出库记录，证实了搬运工的说法。② 在库房未发现保鲜剂使用痕迹。③ 库房中申报绿色食品的产品与未申报的产品分区存放，标识清晰。④ 产品包装材料符合绿色食品要求，申报绿色食品的产品包装上产品名称、商标等信息与申报材料一致。

（3）检查废弃物处理

检查组查看了企业对废菌渣进行处理的生态循环综合利用加工区，核实其菌渣用于有机肥生产，生产废弃物的处理方法对周边环境和其他生物不产生污染。

（4）检查实验室

国人菌业实验室主要检测基质原料的外观和水分，拌料时基质的水分和pH值，以及产品的感官和水分等项目。检测设备能够保障检测正常开展，检测人员持证上岗，记录健全，能够满足日常检测要求。

（5）查阅档案资料

检查组在档案室查阅了企业的各项档案资料。

核查各种证照 对营业执照、质量管理体系认证证书、菌种生产许可证、食品加工许可证、商标注册证等证书的原件进行核查。

核查票据合同 核实土地流转合同、生产投入品及生产原料购销合同及票据的原件，确定其真实性和有效性。

查阅档案记录 查阅上一年度的原始生产记录、内部检查记录、培训记录等。档案记录中未发现不符合项。

3. 召开总结会

会前讨论 召开总结会前，检查组对申请人的具体情况进行讨论和风险评估，通过内部沟通形成现场检查意见：① 确定其各生产环节建立了合理有效的生产技术规程，操作人员能够了解规程并准确执行；② 评估了整体质量控制情况，申报产品存在同时生产其他非绿色食品产品的问题，但企业建立了有效的区别管理制度，在各生产场所均有制度“上墙”，制度能够有效落实，能够保证申报产品质量稳定；③ 评估了生产过程的投入品使用，确定其符合绿色食品标准要求；④ 评估了食用菌生产全过程对周边环境的影响，未发现造成污染。

组织召开总结会 ① 检查组长向国人菌业通报现场检查意见，表示基地周边未发现污染源和潜在污染源，质量管理体系较为健全，生产技术与管理措施符合绿色食品相关标准与要求，包装材料和形式符合相关标准与要求，能够保证绿色食品产品的生产，现场检查合格。企业存在平行生产问题，虽已建立有效的区别管理制度，但后续仍应加大培训力度和监管力度。② 国人菌业董事长陈某某对检查结果认可，并表示后续将定期开展绿色食品专题培训，并严格落实内部检查制度。③ 参会人员填写会议签到表。

（三）检查报告撰写

现场检查结束后，检查员完成现场检查报告。检查组于2021年1月13日将食用菌现场检查报告、现场检查照片、会议签到表、现场检查发现问题汇总表等文件提交至陕西省农产品质量安全中心。绿色食品现场检查通知书、绿色食品发现问题汇总表等文件留存企业一份。

（四）现场检查照片

现场检查各环节实地拍摄存留的照片见图3-34至图3-42。

图 3-34　首次会议

注：从右至左依次为检查员A、检查员B，企业人员×××、×××和×××。

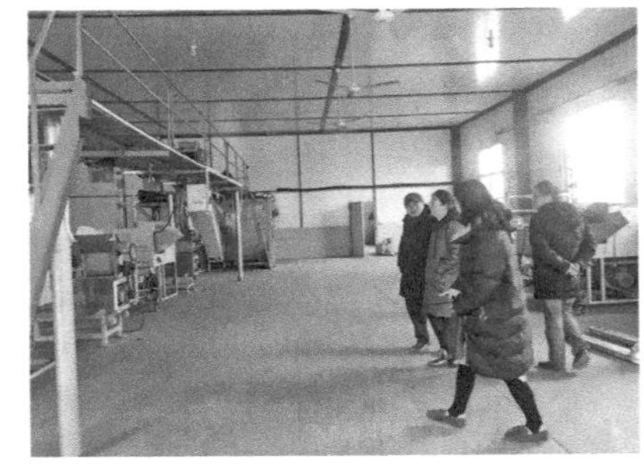

图 3-35　检查菌包加工车间

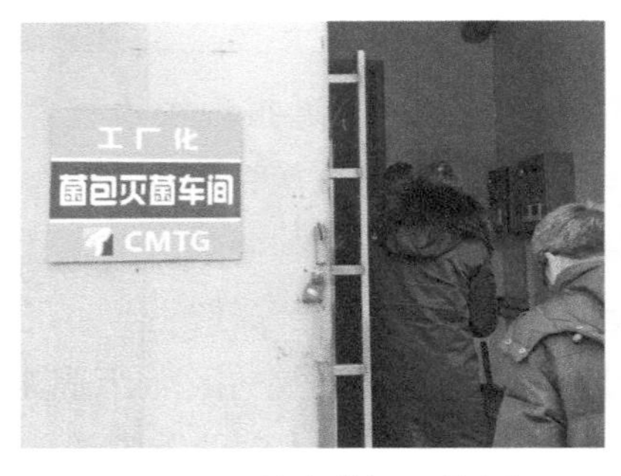

图 3-36　检查菌包灭菌车间

图 3-37　检查发菌室

图 3-38　检查出菇环节

图 3-39　检查生产资料库房

图 3-40　检查成品库

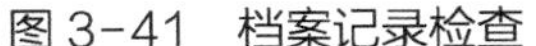

图 3-41 档案记录检查

图 3-42 总结会

六、蜂产品绿色食品现场检查案例分析

——以延边宝利祥蜂业股份有限公司的现场检查为例

吉林省绿色食品办公室于2020年6月20日收到延边宝利祥蜂业股份有限公司（以下简称宝利祥公司）续展申请材料，企业续展产品包括“宝利+图形”牌宝利白蜜和椴树蜂蜜，“三蜜坊+图形”牌东北白蜜、椴树蜂蜜、椴树雪蜜和高山椴蜜，共计6个产品。续展材料审核合格，决定委派2名具有养殖专业和加工专业资质的检查员组成的检查组，于2020年7月8—9日对该企业实施续展现场检查，检查时间选择在蜜源植物流蜜期、蜂蜜产品生产加工过程中易发生质量安全风险的阶段进行。

（一）检查前准备

1. 了解申请人基本情况

检查组通过审阅续展申请材料，了解续展企业和续展产品基本情况。

了解基地情况 延边宝利祥蜂业股份有限公司蜜源地和蜂场位于吉林省延边朝鲜族自治州安图县二道白河镇宝马村、安北村，合同为续展申请人与农户签订的蜂产品购销协议。

了解生产情况 宝利祥公司除续展的6个产品外，还生产常规产品，包括椴树蜂蜜、洋槐蜂蜜、枣花蜂蜜、荆条蜂蜜产品，存在平行生产。

确定重点检查环节 现场检查需要检查蜜源地、蜂场、加工车间、库房、平行生产区别管理制度与记录、产品包装标签等环节。

2. 制订现场检查计划

明确检查组分工 明确检查员A为检查组组长，主要负责蜜源地产地环境质量状况及周边污染源情况调查，农民养殖情况调查、质量管理体系和生产管理制度落实情况调查；检查员B主要负责蜂产品加工过程、投入品使用、平行生产、储藏运输、标识使用等环节的调查。

下发现场检查通知书 2020年7月2日，将绿色食品现场检查通知书及现场检查计划发送至续展申请人宝利祥公司，请申请人做好各项准备，配合检查组实施续展现场检查工作，申请人签字确认后回复。

（二）开展现场检查

2020年7月8日，检查组到达宝利祥公司。在实施现场检查过程中，对所有环节进行拍照留痕。

1. 召开首次会议

参会人员 在宝利祥公司会议室召开首次会议，宝利祥公司质量管理部部长雒某某、生产厂长郭某某、养殖基地负责人孙某某、仓储运输管理负责人石某某、绿色食品内检员赵某某参会。参会人员填写会议签到表。

检查组明确检查目的与依据 首次会议由检查组组长（检查员A）主持，检查组向申请人明确：此次检查目的为，检查续展产品产地环境、生产过程、投入品使用、包装、储藏、运输、标识使用及质量管理体系等与绿色食品相关标准及规定的符合性。检查依据包括《中华人民共和国食品安全法》《中华人民共和国农产品质量安全法》《绿色食品标志管理办法》等相关法律法规，《绿色食品标志许可审查程序》《绿色食品现场检查工作规范》等规程，以及绿色食品标准与相关要求。

申请人介绍企业具体情况 质量管理部部长雒某某介绍了企业经营情况和蜜源地产地环境、气候特征、续展产品的基本情况；养殖基地负责人孙某某介绍了农户养殖管理及疾病防治情况；生产厂长郭某某介绍了生产加工管理的具体情况，绿色食品内检员赵某某介绍了内检员实施内部检查工作的具体流程。检查组了解到，企业有生产同类非绿色食品产品的情况，存在平行生产。

明确现场检查具体安排 首先，检查组明确本次现场检查包括两个方面。一是要核实质量管理体系和生产管理制度落实情况，核实生产加工过程及包装、储藏、运输、标识使用等与续展申请材料的符合性，核实生产记录、投入品使用记录与续展申请材料的符合性；二是要调查并评估蜜源地产地环境质量状况及周边污染源情况，检查并评估蜜蜂养殖过程中疾病防治情况、蜂蜜加工过程管理情况、平行生产管理情况、原料库及成品库卫生管理情况、实验室运行情况等。

其次，确定检查时间为2天。第一天检查内容为检查养殖基地、访问农户等；第二天检查加工厂，查阅文件记录，检查原料库、实验室、成品库及标识使用等。

最后，要求宝利祥公司配合现场检查工作，并确定陪同人员。宝利祥公司确定质量管理部部长雒某某和内检员赵某某全程陪同现场检查工作。

2. 实地检查及随机访问

检查组对续展产品的全部生产环节进行现场检查，检查过程随时进行风险评估。

（1）检查产地环境

蜜源植物检查　经核查，申请人蜜源地位于吉林省安图县二道白河镇宝马村、安北村，基地设置了绿色食品标志牌；蜜源地规模0.75万亩，蜜源植物品种为椴树，与续展申请材料一致。二道白河镇地处长白山脚下，森林资源丰富，椴树为自然生长的蜜源植物。放蜂时不会对当地蜜蜂种群以及其他依靠同种蜜源植物生存的昆虫造成影响。椴树花期为6月20日至7月20日左右，申请人申报产量与一个花期的产量相符。

蜂场检查　经核查，蜂场在天然森林里，周围没有工矿区、公路铁路干线、垃圾场、化工厂、农药厂；蜂场周围没有大型蜂场和以蜜、糖为生产原料的食品厂；蜂场周围植被覆盖率高，具有能满足蜂群繁殖和蜜蜂产品生产的蜜源植物；蜂场场址地势干燥、背风向阳、排水良好、小气候适宜；蜂群饮用水是清澈的山泉水、露水；蜂场周围半径5千米范围内没有毒蜜源植物；蜂场在森林里，周围没有常规农作物，也没有处于花期的常规农作物；申请人蜂场卫生状况良好，已建立相关管理制度、消毒程序；每周要清理一次蜂场死蜂和杂草，清理的死蜂及时深埋，蜂场每季度使用5%的漂白粉乳剂喷洒消毒一次。

（2）检查饲养管理

越冬场所及饲料　①经随机访问农户了解，采蜜结束后，申请人的蜂群不转场，每年入冬（11月）布置越冬蜂巢，入越冬室，越冬室温度保持在4℃左右，确保蜂群拥有背风向阳、干燥安静的越冬场所；蜂箱具有调节光照、通风和温湿度等条件的措施。②经核查，越冬供给蜂群足够的饲料，饲料使用自留蜜、自留花粉，不添加其他任何饲料，饲料用量5.8吨。③经现场查验票据核实，续展申请人未外购饲料、未使用红糖作为蜜蜂饲料，饮用水为自来水，未添加绿色食品禁用物质；饮水器材为食品级塑料材质，安全无毒、无污染。④ 申请人具有专门的绿色食品饲养管理规范；具有饲养管理相关记录；饲养管理人员均经过绿色食品生产管理培训。

继箱、蜂王更换 经核查，农户在继箱、更换蜂王过程中不使用诱导剂，符合绿色食品要求。

蜂场废弃物处理 经核查及随机访问农户了解，蜂场废弃物、蜜蜂尸体、蜜蜂排泄物、杂草等废弃物集中统一运出养殖基地，进行无害化处理，此环节符合绿色食品标准要求。

病害防治 经核查，当地常见病害为蜂螨，但近几年没有发生，农户在养蜂过程中没有使用任何药物，主要通过蜂箱卫生和强群管理来保证蜂群健康和生存条件，以预防病虫害的发生。主要措施包括：① 选择适合当地条件的健壮品种；② 如需要，更新蜂王；③ 对养蜂机具和采收器具定期清洗和消毒；④ 定期更换蜂蜡；⑤ 在蜂箱内保留足够的花粉和蜂蜜；⑥ 对蜂箱进行系统的检查；⑦ 蜂箱中工蜂的系统控制；⑧ 需要时将染病蜂箱移至隔离区；⑨ 销毁被污染的材料和蜂箱。

记录检查 经核查，蜂场编号、蜂群编号、蜂场消毒等记录齐全规范，记录中未发现药物使用迹象。

养蜂机具及采收机具的材质 ① 经核查，蜂箱和巢框所用材质为白松，无毒、无味、性能稳定、牢固。② 养蜂机具及采收机具，包括隔王栅、饲喂器、起刮刀、脱粉器、集胶器、摇蜜机和台基条等符合绿色食品要求；产品存放器具所用材料无毒、无味。③ 巢础的材质为蜂蜡，符合绿色食品标准的要求。

养蜂机具和采收器具的消毒 ① 经核查及随机访问农户了解，木制蜂箱、竹制隔王板、隔王栅、饲喂器使用酒精喷灯火焰灼烧消毒，每年至少1次，同时，蜂箱定期换洗并使用75%酒精消毒；塑料隔王板、塑料饲喂器、塑料脱粉器使用0.2%的过氧乙酸溶液洗刷消毒。② 摇蜜机、起刮刀、割蜜刀经常消毒，采取火焰灼烧法或使用75%的酒精消毒。③ 蜂帚（刷）、工作服经常使用4%的碳酸钠水溶液清洗和日光暴晒。④ 巢脾消毒选用0.1%的次氯酸钠或0.2%的过氧乙酸溶液中浸泡12小时以上，消毒后的巢脾使用清水漂洗晾干；巢脾储存前用96%～98%的乙酸，按每箱体20～30毫升密闭熏蒸，以防止大蜡螟、小蜡螟为害巢脾；保存巢脾的仓库清洁卫生、阴凉、干燥、通风，避免巢脾霉变。⑤ 消毒剂由续展申请人统一购买，消毒剂的使用符合《绿色食品　兽药使用准则》（NY/T 472）要求，清洗记录、消毒记录齐全。

（3）检查转场管理

经核查，申请人蜂群不转场，采取入越冬室（半地下）方式越冬，越冬室温度保持在4℃左右，确保蜂群拥有背风向阳，干燥安静的越冬场所。

（4）产品采收、储藏与运输

采收时间、标准、产量　椴树蜜采收时间为6月20日到7月20日，采收次数为3天一次，每箱产量为90千克。不存在掠夺式采收的现象，每次都给蜜蜂留足够食用的蜂蜜。

采收期间用药情况　经随机访问农户及查阅记录，蜂产品采收期间，生产群不使用任何药物，记录中未发现药物使用迹象。

蜜源植物施药情况　基地位于天然森林内，蜜源植物为自然生长的椴树，不使用任何药物。

产品存放器具清洗消毒情况　经核查，产品存放器具进行严格的清洗消毒，所用消毒剂为75%的酒精，符合绿色食品标准的要求。

采收记录　经现场查阅记录，申请人蜂产品采收记录的内容包括采收日期、产品种类、数量、采收人员、采收机具等，齐全规范。

生产资料库房　经核查，申请人存在平行生产，已建立平行生产区别管理制度，设有专门的绿色食品生产资料存放仓库；物品摆放整齐，且有明显的标识；现场检查中未发现有绿色食品禁用物质。

生产资料、产品出入库记录 经现场检查，产品与生产资料库房实行分库储存，并设立明显标识。消毒用品、包装材料、产品出入库等记录齐全规范，未发现禁用物质使用迹象。

运输工具 申请人运输工具为封闭式厢式货车，能够满足产品运输的基本要求，能够做到专车运输，不与其他产品混运，产品包装有明显的标识，运输记录完整规范。在运输前对运输工具进行彻底的清理，运输工具和运输过程管理符合《绿色食品 储藏运输准则》（NY/T 1056）的要求。

（5）加工环节检查及随机访问

加工厂基本情况 宝利祥公司创建于1965年，现为吉林省养蜂基地、蜂产品出口基地，位于长白山脚下的敦化市，占地10万余米^2。宝利祥公司依托得天独厚的生态资源，在长白山建立了蜂产品原料生产、采收基地，中蜂蜂箱数达6155箱，实现了蜂产品源头管理的科学监控。企业拥有先进的生产工艺、一流的生产环境和完善的质量检测体系，先后通过了ISO9001质量管理体系认证及HACCP食品安全管理体系认证，是中国蜂产品行业龙头企业、吉林省农业产业化重点龙头企业、吉林省林业产业龙头企业，年加工能力12000吨，年出口创汇300万美元。续展申请人资质齐全有效，主要制度已“上墙”。

厂区环境检查 ① 加工厂区周边环境良好，生产厂房封闭式管理，厂内环境、生产车间环境及生产设施干净、整洁无污染，周围无污染源。加工厂内区域和设施布局合理，不会对蜂产品加工过程产生危害。② 申请人生产车间内生产线、生产设备能够满足申请产品生产需要，卫生条件能够满足生产要求，符合《食品安全国家标准 食品生产通用卫生规范》（GB 14881）和相关产品卫生规范要求。③ 生产车间物流及人员流动状况合理，生产前、中、后卫生状况保持良好。

生产过程检查 ① 经核查，申请人生产工艺与续展申请材料一致，且能够满足续展产品生产需要，无潜在食品安全风险。生产过程中各操作规程符合绿色食品要求，无违禁投入品和违禁工艺。各操作岗位人员熟悉绿色食品生产过程中相关操作。② 因申请人存在平行生产，经随机访问车间工作人员了解，在生产常规产品后、生产绿色食品产品前，将管道和灌装设备用热水彻底清洗，然后进行冲顶加工，完成冲顶加工后再进行绿色食品生产操作，冲顶加工的产品作为常规产品销售。③ 通过查阅相关记录，申请人原料出入库、加工记录、终产品检测记录符合标准要求。蜂产品在加工、灌装过程中，不产生污染环境的物质，用于清洗加工设备的废水直接进入市政管网，统一排放到污水处理厂。该生产环节符合绿色食品标准的要求。

主辅料投入品 经核查，蜂蜜产品原料为100%的原料蜜，生产工艺为融晶—浓缩—过滤—灌装，不添加其他任何物质。

（6）包装、储藏、运输

包装 经核查，申请人原料蜜包装为食品级塑料周转桶，加工后的蜂蜜产品包装为聚对苯二甲酸乙二酯（PET）和纸箱包装，卫生、环保符合食品安全和《绿色食品　包装通用准则》（NY/T 658）要求。

储藏、运输 申请人原料蜜和成品均为专库储存，与常规产品分区管理，设立明显标记，并由专人负责；库房门口设置挡鼠板，库房内安放鼠夹，库房卫生保持干净整洁，通风防潮；储藏环节未使用任何药物，符合绿色食品标准的要求；运输车辆为厢式货车，车辆卫生保持干净整洁，做到专车运输，符合《绿色食品　储藏运输准则》（NY/T 1056）的要求。

（7）标识使用检查

经核查，申请人包装标签标注和标称项符合《食品安全国家标准　预包装食品标签通则》（GB 7718）要求，产品名称、注册商标、生产商名称与续展申请书一致，绿色食品标志设计使用符合《中国绿色食品商标标志设计使用规范手册》要求，绿色食品产品包装标签标注规范，未发现有不规范用标现象。

（8）实验室检查

申请人实验室所检项目主要包括蜂蜜产品的兽药残留及理化指标，检测仪器设备能够保障检测工作正常开展，实验室工作人员经过培训，持证上岗，制度规范，记录齐全，能够满足日常检测要求。申请人对批次进厂的原料蜜进行检测，合格后方能入库储存；对批次加工的蜂蜜产品进行检测，合格后才能上市销售。

3. 查阅文件、记录

核查各种证照　核查续展申请人营业执照、商标注册证、食品生产许可证书等原件资质真实有效。

核查制度规程　核查质量控制规范、养殖技术规程、加工技术规程、平行生产区别管理制度、生产记录、生产资料的采购等与续展材料一致，符合绿色食品标准要求，且主要制度已“上墙”。

核查合同协议　核查合同为申请人与农户签订的蜂产品购销协议，合同期限自2019年5月21日到2024年5月21日，基地清单、农户清单真实有效。

查阅档案记录　已建立培训制度，有农户定期培训记录；核查上一年度的生产记录、加工记录、内部检查记录、培训记录、销售记录等，档案记录中未发现不符合项。

4. 召开总结会

会前讨论　召开总结会前，检查组对续展申请人的具体情况进行讨论和风险评估，通过内部沟通形成现场检查意见：① 确定续展申请人各生产环节建立了合理有效的生产技术规程，操作人员能够了解规程并准确执行；② 评估了整体质量控制情况，申请人虽然存在平行生产，但建立了有效的平行生产区别管理制度，并有效运行；企业规章制度齐全规范，主要制度均已“上墙”，并有效实施，能够保证续展产品质量稳定；③ 评估了在蜜蜂养殖、蜂产品加工等生产过程中投入品的使用，确定其符合绿色食品标准要求；④ 评估了蜜蜂养殖、蜂蜜加工生产全过程对周边环境的影响，未发现造成污染。

组织召开总结会 ① 检查组长向宝利祥公司通报现场检查意见，表示蜜源地为天然森林，环境好，基地周边未发现污染源和潜在污染源，质量管理体系健全，养殖技术与蜂场管理措施符合绿色食品相关标准要求；加工厂干净整洁无污染，规章制度齐全规范；原料库和成品库分区管理落实到位，包装材料符合绿色食品标准要求；绿色食品产品包装标签设计规范，续展现场检查合格。企业存在平行生产问题，虽已建立有效的区别管理制度，但后续仍应加大培训力度和监管力度，做好从原料蜜采购、平行加工及储藏等各环节的区别管理。② 宝利祥公司质量管理部部长雒某某对检查结果认可，表示今后将定期开展绿色食品专题培训，并严格落实内部检查制度。③ 参会人员填写会议签到表。

（三）现场检查报告撰写

续展现场检查结束后，检查员完成现场检查报告。检查组于2020年7月16日将蜂产品现场检查报告、现场检查照片、会议签到表、现场检查发现问题汇总表等文件提交至吉林省绿色食品办公室。绿色食品现场检查通知书、绿色食品发现问题汇总表等文件留存企业一份。

（四）现场检查照片

现场检查各环节实地拍摄存留的照片见图3-43至图3-51。

图 3-43　相关人员在企业门口

图 3-44　首次会议

注：参会人员为检查员A、检查员B，以及企业人员×××等。

图 3-45　检查蜂场

图 3-46　检查生产车间

图 3-47　检查原料蜜仓库

图 3-48　检查成品库房

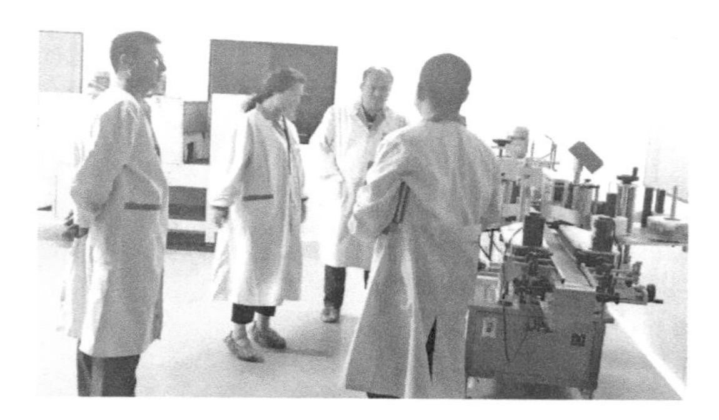

图 3-49　检查实验室

图 3-50　检查档案记录

图 3-51　总结会

第四章 现场检查报告范本

现场检查报告包括《种植产品检查报告》《畜禽产品检查报告》《加工产品检查报告》《水产品检查报告》《食用菌产品检查报告》《蜂产品检查报告》，检查员应根据申请人的实际情况，填写相应的检查报告。有些情况下，申请人涉及两个或两个以上环节，因此，一个检查项目可能需要填写两种或两种以上现场检查报告，本章中示例的范本均存在此情况。

一、绿色食品加工产品现场检查报告范本

绿色食品加工产品现场检查报告以位于广西柳州市三江侗族自治县（以下简称三江县）的三江县三省坡茗茶业有限公司申请的茶叶产品为例。该申请人涉及茶叶的种植与加工两个生产环节，因此，现场检查涉及种植产品和加工产品两部分。以下分别展示种植产品现场检查报告和加工产品现场检查报告。

（一）种植产品现场检查报告

绿色食品种植产品现场检查报告填写范本如下。范本中蓝色字样为检查员填写的内容。其中所填内容仅供参考，请检查员根据检查实际情况填写。

种植产品现场检查报告

<table>
<tr><td colspan="2">申请人</td><td colspan="5">三江县三省坡茗茶业有限公司</td></tr>
<tr><td colspan="2">申请类型</td><td colspan="5">☑初次申请　□续展申请　□增报申请</td></tr>
<tr><td colspan="2">申请产品</td><td colspan="5">三江绿茶、三江红茶</td></tr>
<tr><td colspan="2">检查组派出单位</td><td colspan="5">广西绿色食品发展站</td></tr>
<tr><td rowspan="5">检查组</td><td rowspan="2">分工</td><td rowspan="2">姓名</td><td rowspan="2">工作单位</td><td colspan="3">注册专业</td></tr>
<tr><td>种植</td><td>养殖</td><td>加工</td></tr>
<tr><td>组长</td><td>唐运克</td><td>柳州市农业农村局</td><td>√</td><td></td><td>√</td></tr>
<tr><td rowspan="2">成员</td><td>潘多集</td><td>三江县农业农村局</td><td>√</td><td></td><td>√</td></tr>
<tr><td></td><td></td><td></td><td></td><td></td></tr>
<tr><td colspan="2">检查日期</td><td colspan="5">2021 年 9 月 16—17 日</td></tr>
</table>

中国绿色食品发展中心

注：标 ※ 内容应具体描述，其他内容做判断评价。

一、基本情况

序号	检查项目	检查内容	检查情况
1	基本情况	申请人的基本情况与申请书内容是否一致?	是
		申请人的营业执照、商标注册证、土地权属证明等资质证明文件是否合法、齐全、真实?	是
		是否在国家农产品质量安全追溯管理信息平台完成注册?	是
		申请前三年或用标周期(续展)内是否有质量安全事故和不诚信记录?	否
		※简述绿色食品生产管理负责人姓名、职务	吴顺科,总经理
		※简述内检员姓名、职务	吴顺怀,总经理
2	种植基地及产品情况	※简述基地位置(具体到村)、面积	基地位于柳州市三江县八江乡布央村、布代村,基地面积1000亩
		※简述种植产品名称、面积	种植产品为茶树,种植面积1000亩
		基地分布图、地块分布图与实际情况是否一致?	是
		※简述生产组织形式[自有基地、基地入股型合作社、流转土地、公司+合作社(农户)、全国绿色食品原料标准化生产基地]	公司+合作社(农户)
		种植基地/农户/社员/内控组织清单是否真实有效?	是
		种植合同(协议)及购销凭证是否真实有效?	是

二、质量管理体系

3	质量控制规范	质量控制规范是否健全？（应包括人员管理、投入品供应与管理、种植过程管理、产品采后管理、仓储运输管理、培训、档案记录管理等）	是
		是否涵盖了绿色食品生产的管理要求？	是
		种植基地管理制度在生产中是否能够有效落实？相关制度和标准是否在基地内公示？	是
		是否有绿色食品标志使用管理制度？	是
		是否存在非绿色产品生产？是否建立区分管理制度？	否
4	生产操作规程	是否包括种子种苗处理、土壤培肥、病虫害防治、灌溉、收获、初加工、产品包装、储藏、运输等内容？	是
		是否科学、可行，符合生产实际和绿色食品标准要求？	是
		是否“上墙”或在醒目位置公示？	是
5	产品质量追溯	是否有产品内检制度和内检记录？	是
		是否有产品检验报告或质量抽检报告？	是
		※是否建立了产品质量追溯体系？描述其主要内容	建立了产品质量追溯体系，根据采收时间、地块等信息设定追溯码，能实现全程可追溯
		是否保存了能追溯生产全过程的上一生产周期或用标周期（续展）的生产记录？	是
		记录中是否有绿色食品禁用的投入品？	否
		是否具有组织管理绿色食品产品生产和承担责任追溯的能力？	是

三、产地环境质量

6	产地环境	※ 简述地理位置、地形地貌	基地位于三江县八江乡布央村、布代村，周边以山林为主
		※ 简述年积温、年平均降水量、日照时数等	基地属亚热带季风气候区，年平均气温 20.6 ℃，无霜期达 340 天，年平均降水量 1212 毫米左右，年平均相对湿度为 70 % 左右，年平均日照时数 1900 小时左右
		※ 简述当地主要植被及生物资源等	森林植被的垂直分布大体情况：海拔 500 米以下为常绿阔叶林带，经济林以油茶林为主；海拔 500 ~ 800 米，生长有栲树、栎树、酸枣、赤杨叶、楠木、枫香、光皮桦等；海拔 800 米以上多为水源林和灌木丛，原生植被为阔叶林，主要树种有山毛榉、青岗栎、麻栎、荷树、枫树、山槐等
		※ 简述农业种植结构	主要种植茶树、水稻、蜜柚等
		※ 简述生态环境保护措施	发展生态农业，不兴建工矿企业；按生产技术规程的要求进行生产；保护水土、植被和各类生物资源
		产地是否距离公路、铁路、生活区 50 米以上，距离工矿企业 1 千米以上?	是
		产地是否远离污染源，配备切断有毒有害物进入产地的措施?	是
		是否建立生物栖息地，保护基因多样性、物种多样性和生态系统多样性，以维持生态平衡?	是

6	产地环境	是否能保证产地具有可持续生产能力，不对环境或周边其他生物产生污染？	是
		绿色食品与非绿色生产区域之间是否有缓冲带或物理屏障？	是
7	灌溉水源	※ 简述灌溉水来源	自然降水
		※ 简述灌溉方式	自然降水
		是否有引起灌溉水受污染的污染物及其来源？	否
8	环境检测项目	空气	□检测
			☑符合 NY/T 1054 免测要求
			□提供了符合要求的环境背景值
			□续展产地环境未发生变化免测
		土壤	☑检测
			□符合 NY/T 1054 免测要求
			□提供了符合要求的环境背景值
			□续展产地环境未发生变化免测
		灌溉水	□检测
			☑符合 NY/T 1054 免测要求
			□提供了符合要求的环境背景值
			□续展产地环境未发生变化免测

四、种子（种苗）

9	种子（种苗）来源	※ 简述品种及来源	茶树品种为福云 6 号，来自广西壮族自治区茶叶科学研究所
		外购种子（种苗）是否有标签和购买凭证?	茶树为多年生作物，不涉及
10	种子（种苗）处理	※ 简述处理方式	茶树为多年生作物，不涉及
		※ 是否包衣？简述包衣剂种类、用量	茶树为多年生作物，不涉及
		※ 简述处理药剂的有效成分、用量、用法	不涉及
11	播种 / 育苗	※ 简述土壤消毒方法	不涉及
		※ 简述营养土配制方法	不涉及
		※ 简述药土配制方法	不涉及

五、作物栽培与土壤培肥

12	作物栽培	※ 简述栽培类型（露地 / 设施等）	露地栽培
		※ 简述作物轮作、间作、套作情况	不涉及
13	土壤肥力与改良	※ 简述土壤类型、肥力状况	土壤主要以黄壤为主，肥力适中
		※ 简述土壤肥力保持措施	使用农家肥、有机肥
		※ 简述土壤障碍因素	无
		※ 简述使用土壤调理剂名称、成分和使用方法	不涉及

14	肥料使用	是否施用添加稀土元素的肥料？	否
		是否施用成分不明确的、含有安全隐患成分的肥料？	否
		是否施用未经发酵腐熟的人畜粪尿？	否
		是否施用生活垃圾、污泥和含有害物质（如毒气、病原微生物、重金属等）的工业垃圾？	否
		是否使用国家法律法规不得使用的肥料？	否
15	农家肥料	是否秸秆还田？	是
		※ 是否种植绿肥？简述种类及亩产量	否
		※ 是否堆肥？简述来源、堆制方法（时间、场所、温度）、亩施用量	是。来自当地农户，高温堆沤 70 天以上，用量 1.5 吨 / 亩
		※ 简述其他农家肥料的种类、来源及亩施用量	无
16	商品有机肥	※ 简述有机肥的种类、来源及亩施用量，有机质、N、P、K 等主要成分含量	施用生物有机肥，购买于广西大新县利达农业开发实业有限公司，总有机质含量 35%，N、P、K 含量合计 5%，每亩施用 200 千克
17	微生物肥料	※ 简述种类、来源及亩施用量	未施用微生物肥料
18	有机—无机复混肥料、无机肥料	※ 简述每种肥料的种类、来源及亩施用量，有机质、N、P、K 等主要成分含量	未施用有机—无机复混肥料、无机肥料

19	氮素用量	※ 申请产品当季实际无机氮素用量（千克/亩）	0
		※ 当季同种作物氮素需求量（千克/亩）	15 千克/亩
20	肥料使用记录	是否有肥料使用记录？（包括地块、作物名称与品种、施用日期、肥料名称、施用量、施用方法和施用人员等）	是

六、病虫草害防治

21	病虫草害发生情况	※ 简述本年度发生的病虫草害名称及危害程度	小绿叶蝉，轻度危害
22	农业防治	※ 简述具体措施及防治效果	选择抗病虫害的品种，增加采摘密度，合理修剪或砍伐
23	物理防治	※ 简述具体措施及防治效果	使用黄板、诱虫灯进行防治
24	生物防治	※ 简述具体措施及防治效果	利用自然天敌，以虫治虫
25	农药使用	※ 简述通用名、防治对象	未使用农药
		是否获得国家农药登记许可？	不涉及
		农药种类是否符合 NY/T 393 要求？	不涉及
		是否按农药标签规定使用范围、使用方法合理使用？	不涉及
		※ 简述使用 NY/T 393 表 A.1 规定的其他不属于国家农药登记管理范围的物质（物质名称、防治对象）	不涉及
26	农药使用记录	是否有农药使用记录？（包括地块、作物名称和品种、使用日期、药名、使用方法、使用量和施用人员）	不涉及

七、采后处理

27	收获	※ 简述作物收获时间、方式	采摘时间为 3 — 9 月，人工采摘
		是否有收获记录？	是
28	初加工	※ 简述作物收获后初加工处理（清理、晾晒、分级等）？	无初加工，鲜茶叶直接加工
		是否打蜡？是否使用化学药剂？成分是否符合 GB 2760、NY/T 393 等标准要求？	否
		※ 简述加工厂所地址、面积、周边环境	不涉及
		※ 简述厂区卫生制度及实施情况	不涉及
		※ 简述加工流程	不涉及
		※ 是否清洗？简述清洗用水的来源	不涉及
		※ 简述加工设备及清洁方法	不涉及
		※ 加工设备是否同时用于绿色和非绿色产品？如何防止混杂和污染？	不涉及
		※ 简述清洁剂、消毒剂种类和使用方法，如何避免对产品产生污染？	不涉及

八、包装与储运

29	包装材料	※ 简述包装材料、来源	鲜茶叶无须包装
		※ 简述周转箱材料，是否清洁？	不涉及
		包装材料选用是否符合 NY/T 658 标准要求？	不涉及
		是否使用聚氯乙烯塑料？直接接触绿色食品的塑料包装材料和制品是否符合以下要求：未含有邻苯二甲酸酯、丙烯腈和双酚 A 类物质；未使用回收再用料等	不涉及
		纸质、金属、玻璃、陶瓷类包装性能是否符合 NY/T 658 标准要求？	不涉及
		油墨、贴标签的黏合剂等是否无毒？是否直接接触食品？	不涉及
		是否可重复使用、回收利用或可降解？	不涉及
30	标志与标识	是否提供了带有绿色食品标志的包装标签或设计样张？（非预包装食品不必提供）	不涉及
		包装标签标识及标识内容是否符合 GB 7718、NY/T 658 等标准要求？	不涉及
		绿色食品标志设计是否符合《中国绿色食品商标标志设计使用规范手册》要求？	不涉及
		包装标签中生产商、商品名、注册商标等信息是否与上一周期绿色食品标志使用证书中一致？（续展）	不涉及

31	生产资料仓库	是否与产品分开储藏？	是
		※ 简述卫生管理制度及执行情况	制定了卫生管理制度并有效实施
		绿色食品与非绿色食品使用的生产资料是否分区储藏、区别管理？	全部为绿色食品
		※ 是否储存了绿色食品生产禁用物？禁用物如何管理？	经现场检查未发现绿色食品生产禁用物
		出入库记录和领用记录是否与投入品使用记录一致？	是
32	产品储藏仓库	周围环境是否卫生、清洁，远离污染源？	是
		※ 简述仓库内卫生管理制度及执行情况	产品仓库制定了卫生管理制度并"上墙"，能有效实施
		※ 简述储藏设备及储藏条件，是否满足产品温度、湿度、通风等储藏要求？	鲜茶叶直接加工
		※ 简述堆放方式，是否会对产品质量造成影响？	鲜茶叶直接加工
		是否与有毒、有害、有异味、易污染物品同库存放？	否
		※ 简述与同类非绿色食品产品一起储藏的如何防混、防污、隔离	全部为绿色食品

32	产品储藏仓库	※ 简述防虫、防鼠、防潮措施，说明使用的药剂种类和使用方法，是否符合 NY/T 393 规定？	鲜茶叶直接加工
		是否有储藏管理记录？	鲜茶叶直接加工，不储藏
		是否有产品出入库记录？	是
33	运输管理	※ 简述采用何种运输工具	采摘的鲜茶叶置于竹框内，直接送加工厂加工
		※ 简述保鲜措施	鲜茶叶直接加工
		是否与化肥、农药等化学物品及其他任何有害、有毒、有气味的物品一起运输？	否
		铺垫物、遮盖物是否清洁、无毒、无害？	是
		运输工具是否同时用于绿色食品和非绿色食品？如何防止混杂和污染？	否
		※ 简述运输工具清洁措施	清水清洗
		是否有运输过程记录？	是

九、废弃物处理及环境保护措施

34	废弃物处理	污水、农药包装袋、垃圾等废弃物是否及时处理？	是
		废弃物存放、处理、排放是否对食品生产区域及周边环境造成污染？	否
35	环境保护	※ 如果造成污染，采取了哪些保护措施？	未造成污染

十、绿色食品标志使用情况（仅适用于续展）

36	是否提供了经核准的绿色食品标志使用证书?	不涉及
37	是否按规定时限续展?	不涉及
38	是否执行了《绿色食品标志商标使用许可合同》?	不涉及
39	续展申请人、产品名称等是否发生变化?	不涉及
40	质量管理体系是否发生变化?	不涉及
41	用标周期内是否出现产品质量投诉现象?	不涉及
42	用标周期内是否接受中心组织的年度抽检？产品抽检报告是否合格?	不涉及
43	※ 用标周期内是否出现年检不合格现象？说明年检不合格原因	不涉及
44	※ 核实用标周期内标志使用数量、原料使用凭证	不涉及
45	申请人是否建立了标志使用出入库台账，能够对标志的使用、流向等进行记录和追踪?	不涉及
46	※ 用标周期内标志使用存在的问题	不涉及

十一、收获统计

※ 作物名称	※ 种植面积（万亩）	※ 茬 / 年	※ 预计年收获量（吨）
茶树（鲜茶叶）	0.1	多年生	200

现场检查意见

现场检查综合评价	经现场检查，该申请人组织结构、质量管理体系健全，设置了内检员并认真履行职责；制定了规范的茶叶种植操作规程并有效实施；生产基地远离工矿区、公路与铁路干线，周边无污染源，建立了保护生态环境的措施；茶叶种植过程中施用有机肥，未使用化学肥料和农药；人工采收后的鲜茶叶放于竹筐中直接送到加工厂进行加工，不产生交叉污染；废弃物处理及环境保护措施到位，具备可持续发展绿色食品的能力
检查意见	☑合格 □限期整改 □不合格

检查组成员签字：

唐运克　潘多集

2021 年 9 月 23 日

我确认检查组已按照绿色食品现场检查通知书的要求完成了现场检查工作，报告内容符合客观事实。

申请人法定代表人（负责人）签字：

（盖章）

年　月　日

（二）加工产品现场检查报告

绿色食品加工产品现场检查报告填写范本如下。其中所填内容仅供参考，请检查人员根据检查实际情况填写。

加工产品现场检查报告

<table>
<tr><td colspan="2">申 请 人</td><td colspan="6">三江县三省坡茗茶业有限公司</td></tr>
<tr><td colspan="2">申请类型</td><td colspan="6">☑初次申请 □续展申请 □增报申请</td></tr>
<tr><td colspan="2">申请产品</td><td colspan="6">三江绿茶 20 吨、三江红茶 20 吨</td></tr>
<tr><td colspan="2">检查组派出单位</td><td colspan="6">广西绿色食品发展站</td></tr>
<tr><td rowspan="5">检查组</td><td rowspan="2">分工</td><td rowspan="2">姓名</td><td rowspan="2" colspan="2">工作单位</td><td colspan="3">注册专业</td></tr>
<tr><td>种植</td><td>养殖</td><td>加工</td></tr>
<tr><td>组长</td><td>唐运克</td><td colspan="2">柳州市农业农村局</td><td>√</td><td></td><td>√</td></tr>
<tr><td rowspan="2">成员</td><td>潘多集</td><td colspan="2">三江县农业农村局</td><td>√</td><td></td><td>√</td></tr>
<tr><td></td><td colspan="2"></td><td></td><td></td><td></td></tr>
<tr><td colspan="2">检查日期</td><td colspan="6">2020 年 9 月 16—17 日</td></tr>
</table>

中国绿色食品发展中心

注：标 ※ 内容应具体描述，其他内容做判断评价。

一、基本情况

序号	检查项目	检查内容	检查情况
1	基本情况	申请人的基本情况与申请书内容是否一致？	是
		※ 是否有委托加工？被委托加工方名称	否
		营业执照是否真实有效、满足绿色食品申报要求？	是
		食品生产许可证、定点屠宰许可证、食盐定点生产许可证、采矿许可证、取水许可证等是否真实有效、满足申请产品生产要求？	是
		商标注册证是否真实有效、核定范围包含申报产品？	是
		是否在国家农产品质量安全追溯管理信息平台完成注册？	是
		申请前三年或用标周期（续展）内是否有质量安全事故和不诚信记录？	否
		※ 简述绿色食品生产管理负责人姓名、职务	吴顺科，总经理
		※ 简述内检员姓名、职务	吴顺科，总经理
2	加工厂情况	※ 简述厂区位置	柳州市三江县古宜镇雅柳路 33 号
		厂区分布图与实际情况是否一致？	是

二、质量管理体系

3	质量控制规范	是否涵盖组织管理、原料管理、生产过程管理、环境保护、区分管理、培训考核、内部检查及持续改进、检测、档案管理、质量追溯管理等制度?	是
		是否涵盖了绿色食品生产的管理要求?	是
		绿色食品制度在生产中是否能够有效落实?相关制度和标准是否在基地内公示?	是
		是否建立中间产品和不合格品的处置、召回等制度?	是
		是否有其他质量管理体系文件(ISO9001、ISO22000、HACCP 等)?	否
		是否有绿色食品标志使用管理制度?	是
		是否存在非绿色产品生产?是否建立区分管理制度?	否
4	生产操作规程	是否按照绿色食品全程质量控制要求包含主辅料使用、生产工艺、包装储运等内容?	是
		生产操作规程是否科学、可行,符合生产实际和绿色食品标准要求?	是
		是否"上墙"或在醒目位置公示?	是
5	产品质量追溯	是否有产品内检制度和内检记录?	是
		是否有产品检验报告或质量抽检报告?	是
		※是否建设立了产品质量追溯体系?描述其主要内容	建立了产品质量追溯体系,根据加工时间、地块等信息设定追溯码,能实现全程可追溯
		是否保存了能追溯生产全过程的上一生产周期或用标周期(续展)的生产记录?	是
		记录中是否有绿色食品禁用的投入品?	否
		是否具有组织管理绿色食品产品生产和承担责任追溯的能力?	是

三、产地环境质量

6	产地环境质量	产地是否距离公路、铁路、生活区 50 米以上，距离工矿企业 1 千米以上？	是
		周边是否存在对生产造成危害的污染源或潜在污染源？	否
		厂内环境、生产车间环境及生产设施等是否适宜绿色食品发展？	是
		加工厂内区域和设施是否布局合理？	是
		生产车间内生产线、生产设备是否满足要求？	是
		卫生条件是否符合 GB 14881 标准要求？	是
		生产车间物流、人流是否合理？	是
		绿色食品与非绿色生产区域之间是否有效隔离？	是
7	环境检测项目	空气	□检测
			☑符合 NY/T 1054 免测要求
			□提供了符合要求的环境背景值
			□续展产地环境未发生变化免测
		加工水	□检测
			□矿泉水水源免测；生活饮用水、饮用水水源、深井水免测（限饮用水产品的水源）
			□提供了符合要求的环境背景值免测
			□续展产地环境未发生变化免测
			☑不涉及

四、生产加工

8	生产工艺	※ 简述工艺流程	绿茶工艺：原料→杀青→揉捻→干燥 红茶工艺：原料→萎凋→揉捻→发酵→烘干
		是否满足生产需求？	是
		是否有潜在质量风险？	否
		是否设立了必要的监控手段？	是
9	生产设备	是否满足生产工艺要求？	是
		是否有潜在风险？	否
10	清洗	※ 简述清洗制度或措施的实施情况	建立了清洗制度并有效实施
		※ 简述清洗对象、清洗剂成分、清洗时间方法。是否有清洗记录？	用清水清洗设备，有清洗记录
11	消毒	※ 简述消毒制度或措施的实施情况	建立了消毒制度并有效实施
		※ 简述消毒对象、消毒剂成分、消毒时间方法。是否有消毒记录？	用酒精对加工设备消毒，有消毒记录
12	生产人员	是否有相应资质？	是
		是否掌握绿色食品生产技术要求？	是

五、主辅料和食品添加剂

<table>
<tr><td rowspan="4">13</td><td rowspan="4">主辅料</td><td>※ 简述每种产品主辅料的组成、配比、年用量、来源</td><td>主要原料为鲜茶叶，主要来源于公司绿色食品茶园生产基地，年用量200吨</td></tr>
<tr><td>是否经过入厂检验且达标?</td><td>是</td></tr>
<tr><td>组成和配比是否符合绿色食品加工产品原料的规定?</td><td>是</td></tr>
<tr><td>主辅料购买合同和发票是否真实有效?</td><td>是</td></tr>
<tr><td rowspan="4">14</td><td rowspan="4">食品添加剂</td><td>※ 简述每种产品中食品添加剂的添加比例、成分、年用量、来源</td><td>不涉及</td></tr>
<tr><td>是否经过入厂检验且达标?</td><td>不涉及</td></tr>
<tr><td>添加剂使用是否符合 GB 2760 和 NY/T 392 标准要求?</td><td>不涉及</td></tr>
<tr><td>购买合同和发票是否真实有效?</td><td>不涉及</td></tr>
<tr><td>15</td><td>生产用水</td><td>※ 简述加工水来源及预处理方式</td><td>不涉及</td></tr>
<tr><td>16</td><td>生产记录</td><td>主辅料等投入品的购买合同（协议），以及领用、生产等记录是否真实有效?</td><td>是</td></tr>
</table>

六、包装与储运

17	包装材料	※ 简述包装材料、来源	塑料和金属，定点购买
		※ 简述周转箱材料，是否清洁？	编织袋，清洁
		包装材料选用是否符合 NY/T 658 标准要求？	是
		是否使用聚氯乙烯塑料？直接接触绿色食品的塑料包装材料和制品是否符合以下要求：未含有邻苯二甲酸酯、丙烯腈和双酚 A 类物质；未使用回收再用料等	否。符合要求
		纸质、金属、玻璃、陶瓷类包装性能是否符合 NY/T 658 标准要求？	是
		油墨、贴标签的黏合剂等是否无毒？是否直接接触食品？	不涉及
		是否可重复使用、回收利用或可降解？	是
18	标志与标识	是否提供了带有绿色食品标志的包装标签或设计样张？（非预包装食品不必提供）	是
		包装标签标识及标识内容是否符合 GB 7718、NY/T 658 等标准要求？	是
		绿色食品标志设计是否符合《中国绿色食品商标标志设计使用规范手册》要求？	是
		包装标签中生产商、商品名、注册商标等信息是否与上一周期绿色食品标志使用证书中一致？（续展）	不涉及

19	生产资料仓库	是否与产品分开储藏？	是
		※ 简述卫生管理制度及执行情况	制定了合理有效的卫生管理制度并有效实施
		绿色食品与非绿色食品使用的生产资料是否分区储藏、区别管理？	全部为绿色食品
		※ 是否储存了绿色食品生产禁用物？禁用物如何管理？	否
		※ 简述防虫、防鼠、防潮措施，说明使用的药剂种类和使用方法，是否符合 NY/T 393 规定？	仓库设有除湿装备，地面采用水泥铺设平整，仓库四周装有防鼠板、防虫网
		出入库记录和领用记录是否与投入品使用记录一致？	是
20	产品储藏仓库	周围环境是否卫生、清洁，远离污染源？	是
		※ 简述仓库内卫生管理制度及执行情况	建立了卫生管理制度，仓库卫生每日清洁，并有记录
		※ 简述储藏设备及储藏条件，是否满足产品温度、湿度、通风等储藏要求？	有相应的仓储设施，通风良好，达到成品仓储的要求，卫生管理状况良好
		※ 简述堆放方式，是否会对产品质量造成影响？	用货架储存，不会对产品质量造成影响
		是否与有毒、有害、有异味、易污染物品同库存放？	否
		※ 简述与同类非绿色食品产品一起储藏的如何防混、防污、隔离？	全部为绿色食品

20	产品储藏仓库	※ 简述防虫、防鼠、防潮措施，说明使用的药剂种类和使用方法，是否符合 NY/T 393 规定?	使用防虫网、防鼠板、防潮设施等进行防虫、防鼠、防潮，未使用药剂
		是否有储藏管理记录?	是
		是否有产品出入库记录?	是
21	运输管理	※ 采用何种运输工具?	专用车辆运输
		运输条件是否满足产品保质储藏要求?	是
		是否与化肥、农药等化学物品及其他任何有害、有毒、有气味的物品一起运输?	否
		铺垫物、遮盖物是否清洁、无毒、无害?	是
		运输工具是否同时用于绿色食品和非绿色食品? 如何防止混杂和污染?	否
		※ 简述运输工具清洁措施	清水冲洗

七、废弃物处理及环境保护措施

22	废弃物处理	污水、下脚料、垃圾等废弃物是否及时处理?	是
		废弃物存放、处理、排放是否对食品生产区域及周边环境造成污染?	否
23	环境保护	※ 简述如果造成污染，采取了哪些保护措施?	不涉及

八、绿色食品标志使用情况（仅适用于续展）

24	是否提供了经核准的绿色食品标志使用证书？	不涉及
25	是否按规定时限续展？	不涉及
26	是否执行了《绿色食品标志商标使用许可合同》？	不涉及
27	续展申请人、产品名称等是否发生变化？	不涉及
28	质量管理体系是否发生变化？	不涉及
29	用标周期内是否出现产品质量投诉现象？	不涉及
30	用标周期内是否接受中心组织的年度抽检？产品抽检报告是否合格？	不涉及
31	※ 用标周期内是否出现年检不合格现象？说明年检不合格原因	不涉及
32	※ 核实用标周期内标志使用数量、原料使用凭证	不涉及
33	申请人是否建立了标志使用出入库台账，能够对标志的使用、流向等进行记录和追踪？	不涉及
34	※ 用标周期内标志使用存在的问题	不涉及

九、产量统计

※ 产品名称	※ 原料用量（吨 / 年）	※ 出成率（%）	※ 预计年产量（吨）
三江绿茶	100	20	20
三江红茶	100	20	20

现场检查意见

<table>
<tr><td>现场检查
综合评价</td><td>经现场检查，该申请人组织结构、质量管理体系健全，设置了内检员并认真履行职责；制定规范的茶叶加工操作规程并有效实施；加工厂远离工矿区和公路铁路干线，周边无污染源；生产设备齐全，加工工艺成熟，加工过程未使用绿色食品违禁投入品，生产过程无污染，未对周边环境产生影响；生产原料与成品单独存放，不产生交叉污染，生产仓库定时清理；产品包装采用定制的食品级包装盒，配有专车运输；废弃物处理及环境保护措施到位，具备可持续发展绿色食品的能力</td></tr>
<tr><td>检查意见</td><td>☑合格
□限期整改
□不合格</td></tr>
<tr><td colspan="2">检查组成员签字：
唐运克　潘多集
2021 年 9 月 23 日</td></tr>
<tr><td colspan="2">我确认检查组已按照绿色食品现场检查通知书的要求完成了现场检查工作，报告内容符合客观事实。

申请人法定代表人（负责人）签字：

（盖章）
年　月　日</td></tr>
</table>

二、绿色食品畜禽产品现场检查报告范本

以位于青海省海西蒙古族藏族自治州（以下简称海西州）的乌兰县牧羊生态养殖专业合作社申请的牛肉产品为例。该申请人涉及肉牛养殖与牛肉加工两个生产环节，因此，现场检查涉及畜禽产品和加工产品两部分。

（一）畜禽产品现场检查报告

绿色食品畜禽产品现场检查报告填写范本如下。其中所填内容仅供参考，请检查人员根据检查实际情况填写。

畜禽产品现场检查报告

<table>
<tr><td colspan="3">申 请 人</td><td colspan="4">乌兰县牧羊生态养殖专业合作社</td></tr>
<tr><td colspan="3">申请类型</td><td colspan="4">☑初次申请　□续展申请　□增报申请</td></tr>
<tr><td colspan="3">申请产品</td><td colspan="4">牛肉、牦牛肉牛排、牦牛肉腱子、牦牛肉牛腩、牦牛肉上脑、牦牛肉眼肉、牦牛肉脖子、牦牛霖肉、牦牛剔骨肉</td></tr>
<tr><td colspan="3">检查组派出单位</td><td colspan="4">海西州农畜产品质量安全检验检测中心</td></tr>
<tr><td rowspan="5">检
查
组</td><td rowspan="2">分工</td><td rowspan="2">姓名</td><td rowspan="2">工作单位</td><td colspan="3">注册专业</td></tr>
<tr><td>种植</td><td>养殖</td><td>加工</td></tr>
<tr><td>组长</td><td>青山</td><td>海西州农畜产品质量安全检验检测中心</td><td>√</td><td>√</td><td>√</td></tr>
<tr><td rowspan="2">成员</td><td>斯青</td><td>海西州农畜产品质量安全检验检测中心</td><td>√</td><td>√</td><td>√</td></tr>
<tr><td>和珊</td><td>乌兰县畜牧兽医站</td><td>√</td><td>√</td><td>√</td></tr>
<tr><td colspan="3">检查日期</td><td colspan="4">2020 年 7 月 13—14 日</td></tr>
</table>

中国绿色食品发展中心

注：标 ※ 内容应具体描述，其他内容做判断评价。

一、基本情况

序号	检查项目	检查内容	检查情况描述
1	基本情况	申请人的基本情况与申请书内容是否一致？	是
		申请人的营业执照、商标注册证、土地权属证明、动物防疫条件合格证等资质证明文件是否合法、齐全、真实？	是
		是否在国家农产品质量安全追溯管理信息平台完成注册？	是
		申请前三年或用标周期（续展）内是否有质量安全事故和不诚信记录？	否
		※ 简述绿色食品生产管理负责人姓名、职务	绿色食品生产管理负责人为合作社理事长才恒加
		※ 简述内检员姓名、职务	才恒加，合作社理事长
2	养殖基地及产品情况	※ 简述养殖基地（牧场 / 养殖场）地址、面积（具体到村）	青海省海西州乌兰县铜普镇察汗河三社牧业村。共有天然放牧草原面积 6.43 万亩
		※ 简述生产组织形式［自有基地、基地入股型合作社、流转土地、公司 + 合作社（农户）等］	自有基地
		基地 / 农户 / 社员 / 内控组织清单是否真实有效？	是

2	养殖基地及产品情况	※ 简述畜禽品种及规模	畜禽品种为高原型牦牛，年存栏 860 头，年出栏 500 头
		饲养方式	☑完全草原放牧 ☐半放牧半饲养 ☐农区养殖场
		※ 简述养殖周期	牦牛养殖周期为 2 ~ 5 年
		养殖规模是否超过当地规定的载畜量？	否
		基地位置图、养殖场所布局平面图与实际情况是否一致？	是
3	委托生产情况	饲料如涉及委托种植，是否有委托种植合同（协议）？是否有区别生产管理制度？	不涉及
		畜禽如委托屠宰加工，是否有委托屠宰加工合同（协议）？是否有区别生产管理制度？	不涉及

二、质量管理体系

4	质量控制规范	质量控制规范是否健全？（应包括人员管理、饲料供应与加工、养殖过程管理、疾病防治、畜禽出栏及产品收集管理、仓储运输管理、档案记录管理等）	是
		是否涵盖了绿色食品生产的管理要求？	是
		管理制度在生产中是否能够有效落实？相关制度和标准是否在基地内公示？	是

4	质量控制规范	是否建立绿色食品与非绿色食品生产区分管理制度？	不涉及
		是否具有与其养殖规模相适应的执业兽医或乡村兽医？	是
		饲养人员是否符合国家规定的卫生健康标准并定期接受专业知识培训？	是
		是否有绿色食品标志使用管理制度？	是
5	生产操作规程	是否包括品种来源、饲养管理、疾病防治、场地消毒、无害化处理、畜禽出栏、产品收集、包装、储藏、运输规程等内容？	是
		是否科学、可行，符合生产实际和绿色食品标准要求？	是
		相关制度和规程是否在基地内公示并有效实施？	是
6	产品质量追溯	是否有产品内检制度和内检记录？	是
		是否有产品检验报告或质量抽检报告？	是
		※ 简述产品质量追溯体系主要内容	建立了产品质量追溯体系且能对批次产品实现追溯
		是否保存了能追溯生产全过程的上一生产周期或用标周期（续展）的生产记录？	是
		记录中是否有绿色食品禁用的投入品？	否
		是否具有组织管理绿色食品生产和承担追溯责任的能力？	是

三、养殖基地环境质量

<table>
<tr><td rowspan="12">7</td><td rowspan="12">养殖基地环境</td><td>※ 简述养殖基地（牧场 / 养殖场）地址、地形地貌</td><td>养殖基地青海省海西州乌兰县铜普镇察汗河三社，海拔 3000 ~ 3450 米，地势北高南低，属高原褶皱山系地区</td></tr>
<tr><td>※ 简述生态养殖模式</td><td>天然草场轮休放牧</td></tr>
<tr><td>※ 简述生态环境保护措施</td><td>以草定畜、季节划区轮牧休牧</td></tr>
<tr><td>养殖基地是否距离公路、铁路、生活区 50 米以上，距离工矿企业 1 千米以上？</td><td>是</td></tr>
<tr><td>是否建立生物栖息地？应保证养殖基地具有可持续生产能力，不对环境或周边其他生物产生污染？</td><td>是</td></tr>
<tr><td>是否有保护基因多样性、物种多样性和生态系统多样性，以维持生态平衡的措施？</td><td>是</td></tr>
<tr><td>养殖场区是否有明显的功能区划分？</td><td>是</td></tr>
<tr><td>养殖场各功能区布局设计是否合理？</td><td>是</td></tr>
<tr><td>养殖场各功能区是否进行了有效的隔离？</td><td>是</td></tr>
<tr><td>※ 简述养殖场区入口处消毒方法</td><td>天然放牧不涉及</td></tr>
<tr><td>是否有良好的采光、防暑降温、防寒保暖、通风等设施？</td><td>是</td></tr>
<tr><td>是否有畜禽活动场所和遮阴设施？</td><td>是</td></tr>
</table>

7	养殖基地环境	是否有清洁的养殖用水供应?	是
		是否有与生产规模相适应的饲草饲料加工与储存设备设施?	不涉及
		是否配备疫苗冷冻(冷藏)设备、消毒和诊疗等防疫设备的兽医室或者有兽医机构为其提供相应服务?	是
		是否有与生产规模相适应病死畜禽和污水污物的无害化处理设施?	是
		是否有相对独立的隔离栏舍?	是
		养殖场是否配备防鼠、防鸟、防虫等设施?	是
		※ 简述养殖场卫生情况	养殖场属于天然草场,环境卫生整洁,无污染
8	畜禽养殖用水	※ 简述畜禽养殖用水来源	天然冰川冰雪消融水和泉水
		是否定期检测?检测结果是否合格?	是,检测结果合格
		是否有引起水源污染的污染物及其来源?	否
9	环境检测项目	空气	□检测
			☑散养、放牧区域空气免测
			□提供了符合要求的环境背景值
			□续展产地环境未发生变化免测
		土壤	□检测
			☑畜禽产品散养、放牧区域土壤免测
			□续展产地环境未发生变化免测
			□不涉及
		畜禽养殖用水	☑检测
			□提供了符合要求的环境背景值
			□续展产地环境未发生变化免测
			□不涉及

四、畜禽来源

10	外购	※ 简述外购畜禽来源	不涉及
		是否有外购畜禽凭证?	不涉及
		是否符合绿色食品养殖周期要求?	不涉及
11	自繁自育	繁殖方式(自然繁殖 / 人工繁殖 / 人工辅助繁殖)	自然繁殖
		※ 简述种苗培育规格、培育时间	牲畜自然本交，冬春产犊

五、畜禽饲料及饲料添加剂

12	饲料组成	※ 简述各养殖阶段饲料及饲料添加剂组成、比例、年用量	天然放牧，不涉及
		※ 简述预混料组成及比例	不涉及
		※ 简述饲料添加剂成分	不涉及
		饲料及饲料添加剂是否符合 NY/T 471 中的规定?	不涉及
13	外购饲料	饲料原料来源	□绿色食品 □绿色食品生产资料 □绿色食品原料标准化生产基地 其他:
		购买合同(协议)及发票是否真实有效?	不涉及
		购买合同(协议)期限是否涵盖一个用标周期?	不涉及

13	外购饲料	购买合同（协议）购买量是否能够满足生产需求量？	不涉及
		饲料包装标签中名称、主要成分、生产企业等信息是否与合同（协议）一致？	不涉及
14	自种饲料	是否符合种植产品现场检查要点相关要求？	不涉及
		自种饲料产量是否满足生产需要？	不涉及
15	饲料加工	※ 简述加工工艺	不涉及
		加工工艺、设施设备、配方和加工量是否满足生产需要？	不涉及
		是否建立完善的生产加工制度？	不涉及
		是否使用抗病、抗虫药物，激素或其他生长促进剂等药物添加剂？	不涉及

六、饲养管理

16	饲养管理	绿色食品养殖和常规养殖之间是否具有效的隔离措施，或严格的区分管理措施？	不涉及
		纯天然放牧养殖的畜禽，其饲草面积、放牧期饲草产量是否满足生产需求量？	是
		是否存在补饲？	否
		补饲所用饲料及饲料添加剂是否符合绿色食品相关要求？	不涉及
		畜（禽）圈舍是否配备采光通风、防寒保暖、防暑降温、粪尿沟槽、废物收集、清洁消毒等设备或措施？	是

16	饲养管理	是否根据不同性别、不同养殖阶段进行分舍饲养?	是
		是否提供足够的活动及休息场所?	是
		幼畜是否能够吃到初乳?	是
		幼畜断奶前是否进行补饲训练?	不涉及
		幼畜断奶前补饲所用饲料是否符合绿色食品相关要求?	不涉及
		在一个生长(或生产)周期内，各养殖阶段所用饲料是否符合绿色食品相关要求?	是
		是否具有专门的绿色食品饲养管理规范?	是
		是否具有饲养管理相关记录?	是
		饲养管理人员是否经过绿色食品生产管理培训?	是
		饲料、饮水、兽药、消毒剂等是否符合绿色食品相关要求?	是

七、消毒和疾病防治

17	消毒	生产人员进入生产区是否有更衣、消毒等制度或措施?	是
		※ 简述非生产人员出入生产区管理制度	谢绝非饲养员进入养殖区、饲养员定期体检，传染病患者不能从事养殖环节工作
		※ 简述消毒对象、消毒剂、消毒时间、使用方法	不涉及
		※ 简述消毒制度或消毒措施的实施情况	建立了消毒制度并有效实施
		是否有消毒记录?	是

18	疾病防治	※ 简述当地常规养殖发生的疾病及流行程度	口蹄疫、牛巴氏杆菌病疫苗，由当地动物疫病预防控制中心统一防疫，未发生疫情
		※ 简述畜禽引入后采用何种措施预防疾病发生	自繁自育，无引种牲畜。
		※ 简述本养殖周期免疫接种情况（疫苗种类、接种时间、次数）	养殖周期每年春秋两季由乌兰县兽医站组织开展2次集中免疫，疫苗种类：牛羊口蹄疫疫苗、肉毒疫苗等
		※ 简述本养殖周期疾病发生情况，使用药物名称、剂量、使用方法、停药期	未发生疾病
		所使用的兽药是否取得国家兽药批准文号？是否按照兽药标签的方法和说明使用？	是
		是否有兽药使用记录？	是
		是否有使用禁用药品的迹象？	否

八、活体运输及动物福利

19	活体运输	※ 简述采用何种工具运输，包括运输时间、运输方式、运输数量、目的地等	用专门运输工具运输
		是否具有与常规畜禽进行区分隔离的相关措施及标识？	不涉及
		装卸及运输过程是否会对动物产生过度应激？	否
		运输过程是否使用镇静剂或其他调节神经系统的制剂？	否
20	动物福利	是否供给畜禽足够的阳光、食物、饮用水、活动空间等？	是
		是否进行过非治疗性手术（断尾、断喙、烙翅、断牙等）？	否
		是否存在强迫喂食现象？	否

九、畜禽出栏或产品收集

21	畜禽出栏	※ 简述畜禽出栏时间	9 月中旬至 12 月中旬出栏
		※ 简述质量检验方法	屠宰检疫及检测部门抽检
22	禽蛋及生鲜乳收集	※ 简述产品清洗、除杂、过滤等处理方式	不涉及
		※ 简述收集场所的位置、周围环境	不涉及
		※ 简述收集场所的卫生制度及实施情况	不涉及
		※ 简述所用的设备及清洁方法	不涉及
		※ 简述清洁剂、消毒剂种类和使用方法，如何避免对产品产生的污染？	不涉及
		※ 简述所用设备绿色食品与非绿色食品区别管理制度	不涉及

十、屠宰加工

23	屠宰加工	屠宰加工厂所在位置、面积、周围环境与申请材料是否一致？	是
		※ 简述厂区卫生管理制度及实施情况	厂区建立卫生管理制度并有效实施
		待宰圈设置是否能够有效减少对畜禽的应激？	是
		是否具有屠宰前后的检疫记录？	是

23	屠宰加工	※ 简述不合格产品处理方法及记录	集中无害化处理
		※ 简述屠宰加工流程	宰前检疫→待宰→放血→剥皮→去头蹄→开膛→计量→排酸→清洗→晾肉→胴体卫生检疫→运输→分割→包装→冷藏
		※ 简述加工设施与设备的清洗措施与消毒情况	设置污物收集设施，定期清洗、消毒，污物不外溢，24小时内运出加工厂，做到日产日清理；车间设置设备清水清洗、紫外线灯消毒
		※ 简述所用设备绿色食品与非绿色食品区别管理制度	全部为绿色食品
		加工用水是否符合 NY/T 391 要求？	是
		屠宰加工过程中污水排放是否符合 GB 13457 的要求？	是

十一、包装及储运

24	包装材料	※ 简述包装材料、来源	不涉及
		※ 简述周转箱材料及清洁情况	不涉及
		包装材料选用是否符合 NY/T 658 标准要求？	不涉及

24	包装材料	是否使用聚氯乙烯塑料？直接接触绿色食品的塑料包装材料和制品是否符合以下要求：未含有邻苯二甲酸酯、丙烯腈和双酚 A 类物质；未使用回收再用料等	不涉及
		纸质、金属、玻璃、陶瓷类包装性能是否符合 NY/T 658 标准要求？	不涉及
		油墨、贴标签的黏合剂等是否无毒？是否直接接触食品？	不涉及
		是否可重复使用、回收利用或可降解？	不涉及
25	标志与标识	是否提供了带有绿色食品标志的包装标签或设计样张？（非预包装食品不必提供）	不涉及
		包装标签标识及标识内容是否符合 GB 7718、NY/T 658 标准要求？	不涉及
		绿色食品标志设计是否符合《中国绿色食品商标标志设计使用规范手册》要求？	不涉及
		包装标签中生产商、商品名、注册商标等信息是否与上一周期绿色食品标志使用证书中一致？（续展）	不涉及

26	生产资料仓库	是否与产品分开储藏？	是
		※ 简述卫生管理制度及执行情况	制定了卫生管理制度并有效执行
		绿色食品与非绿色食品使用的生产资料是否分区储藏、区别管理？	不涉及
		※ 是否储存了绿色食品生产禁用物？禁用物如何管理？	否
		出入库记录和领用记录是否与投入品使用记录一致？	是
27	产品储藏仓库	周围环境是否卫生、清洁，远离污染源？	是
		※ 简述仓库内卫生管理制度及执行情况	仓库内卫生制度、消毒制度健全，定期清洗、消毒，污物不外溢，做到日产日清理，按制度执行
		※ 简述储藏设备及储藏条件，是否满足食品温度、湿度、通风等储藏要求？	自有低温冷库，产品储存温度为 −18 ℃，满足产品储存条件
		※ 简述堆放方式，是否会对产品质量造成影响？	用货架储存，不会对产品质量造成影响
		是否与有毒、有害、有异味、易污染物品同库存放？	否
		※ 与同类非绿色食品产品一起储藏的如何防混、防污、隔离？	不涉及，全部为绿色食品

27	产品储藏仓库	※ 简述防虫、防鼠、防潮措施，使用的药剂种类、剂量和使用方法是否符合 NY/T 393 规定？	产品冷冻储藏，仓库门口用挡鼠板防鼠，符合 NY/T 393 要求
		是否有设备管理记录？	是
		是否有产品出入库记录？	是
28	运输管理	采用何种运输工具？	专用运输车
		※ 简述保鲜措施	运输车具有低温保鲜冷藏设施
		是否与化肥、农药等化学物品及其他任何有害、有毒、有气味的物品一起运输？	否
		铺垫物、遮盖物是否清洁、无毒、无害？	是
		※ 运输工具是否同时用于绿色食品和非绿色食品？如何防止混杂和污染？	全部为绿色食品
		※ 简述运输工具清洁措施	每次运输完用清水冲洗干净
		是否有运输过程记录？	是

十二、废弃物处理及环境保护措施

29	废弃物处理	※ 污水、畜禽粪便、病死畜禽尸体、垃圾等废弃物是否及时无害化处理？简述无害化处理方式	畜禽养殖废弃物进行综合利用和无害化处理，符合国家有关畜禽养殖污染防治的要求，并依法接受有关主管部门的监督检查
		废弃物存放、处理、排放是否符合国家相关标准？	是
30	环境保护	※ 如果造成污染，采取了哪些保护措施？	不对周围环境造成污染

十三、绿色食品标志使用情况（仅适用于续展）

31	是否提供了经核准的绿色食品标志使用证书？	不涉及
32	是否按规定时限续展？	不涉及
33	是否执行了《绿色食品商标标志使用许可合同》？	不涉及
34	续展申请人、产品名称等是否发生变化？	不涉及
35	质量管理体系是否发生变化？	不涉及
36	用标周期内是否出现产品质量投诉现象？	不涉及
37	用标周期内是否接受中心组织的年度抽检？产品抽检报告是否合格？	不涉及
38	※ 用标周期内是否出现年检不合格现象？说明年检不合格原因	不涉及
39	※ 核实上一用标周期标志使用数量、原料使用凭证	不涉及
40	申请人是否建立了标志使用出入库台账，能够对标志的使用、流向等进行记录和追踪？	不涉及
41	※ 简述用标周期内标志使用存在的问题	不涉及

十四、收获统计

※ 畜禽名称	※ 养殖规模（头 / 只 / 羽）	※ 养殖周期（日龄 / 月龄 / 年龄）	※ 预计年产量（吨）
牦牛	860 头	24 ~ 36 月龄	110

现场检查意见

现场检查综合评价	经现场检查，该申请人组织结构、质量管理体系健全，设置了内检员并认真履行职责；营业执照、草原权属证明、动物防疫合格证等证明文件真实有效；制定规范的养殖操作规程并有效实施；养殖区域为天然草场，周边无污染源，建立了保护生态环境的措施；养殖过程中未使用绿色食品违禁投入品，兽药管理、使用符合绿色食品有关规定，记录规范；畜禽出栏、产品收集符合绿色食品规定；废弃物处理及环境保护措施到位，具备可持续发展绿色食品的能力
检查意见	☑合格 ☐限期整改 ☐不合格
检查组成员签字： 青山　斯青　和珊 2020 年 7 月 19 日	
我确认检查组已按照绿色食品现场检查通知书的要求完成了现场检查工作，报告内容符合客观事实。 申请人法定代表人（负责人）签字： （盖章） 年　月　日	

（二）加工产品现场检查报告

绿色食品畜禽的加工产品现场检查报告填写范本如下。其中所填内容仅供参考，请检查人员根据检查实际情况填写。

加工产品现场检查报告

<table>
<tr><td colspan="3">申 请 人</td><td colspan="4">乌兰县牧羊生态养殖专业合作社</td></tr>
<tr><td colspan="3">申请类型</td><td colspan="4">☑初次申请　□续展申请　□增报申请</td></tr>
<tr><td colspan="3">申请产品</td><td colspan="4">牦牛肉、牦牛肉牛排、牦牛肉腱子、牦牛肉牛腩、牦牛肉上脑、牦牛肉眼肉、牦牛肉脖子、牦牛霖肉、牦牛剔骨肉</td></tr>
<tr><td colspan="3">检查组派出单位</td><td colspan="4">海西州农畜产品质量安全检验检测中心</td></tr>
<tr><td rowspan="5">检
查
组</td><td rowspan="2">分工</td><td rowspan="2">姓名</td><td rowspan="2">工作单位</td><td colspan="3">注册专业</td></tr>
<tr><td>种植</td><td>养殖</td><td>加工</td></tr>
<tr><td>组长</td><td>青山</td><td>海西州农畜产品质量安全检验检测中心</td><td>√</td><td>√</td><td>√</td></tr>
<tr><td rowspan="2">成员</td><td>斯青</td><td>海西州农畜产品质量安全检验检测中心</td><td>√</td><td>√</td><td>√</td></tr>
<tr><td>和珊</td><td>乌兰县畜牧兽医站</td><td>√</td><td>√</td><td>√</td></tr>
<tr><td colspan="3">检查日期</td><td colspan="4">2020 年 7 月 13—14 日</td></tr>
</table>

中国绿色食品发展中心

注：标 ※ 内容应具体描述，其他内容做判断评价。

一、基本情况

序号	检查项目	检查内容	检查情况
1	基本情况	申请人的基本情况与申请书内容是否一致？	是
		※ 是否有委托加工？被委托加工方名称	否
		营业执照是否真实有效、满足绿色食品申报要求？	是
		食品生产许可证、定点屠宰许可证、食盐定点生产许可证、采矿许可证、取水许可证等是否真实有效、满足申请产品生产要求？	是
		商标注册证是否真实有效、核定范围包含申报产品？	是
		是否在国家农产品质量安全追溯管理信息平台完成注册？	是
		申请前三年或用标周期（续展）内是否有质量安全事故和不诚信记录？	否
		※ 简述绿色食品生产管理负责人姓名、职务	才恒加，合作社理事长
		※ 简述内检员姓名、职务	才恒加，合作社理事长
2	加工厂情况	※ 简述厂区位置	位于青海省海西州乌兰县茶卡镇青海柴达木农垦莫河骆驼场有限公司
		厂区分布图与实际情况是否一致？	是

二、质量管理体系

3	质量控制规范	是否涵盖组织管理、原料管理、生产过程管理、环境保护、区分管理、培训考核、内部检查及持续改进、检测、档案管理、质量追溯管理等制度？	是
		是否涵盖了绿色食品生产的管理要求？	是
		绿色食品制度在生产中是否能够有效落实？相关制度和标准是否在基地内公示？	是
		是否建立中间产品和不合格品的处置、召回等制度？	是
		是否有其他质量管理体系文件（ISO9001、ISO22000、HACCP 等）？	否
		是否有绿色食品标志使用管理制度？	是
		是否存在非绿色产品生产？是否建立区分管理制度？	否
4	生产操作规程	是否按照绿色食品全程质量控制要求包含主辅料使用、生产工艺、包装储运等内容？	是
		生产操作规程是否科学、可行，符合生产实际和绿色食品标准要求？	是
		是否“上墙”或在醒目位置公示？	是
5	产品质量追溯	是否有产品内检制度和内检记录？	是
		是否有产品检验报告或质量抽检报告？	是
		※ 是否建设立了产品质量追溯体系？描述其主要内容	建立了产品质量追溯体系，经现场检查能实现对批次产品的追溯
		是否保存了能追溯生产全过程的上一生产周期或用标周期（续展）的生产记录？	是
		记录中是否有绿色食品禁用的投入品？	否
		是否具有组织管理绿色食品产品生产和承担责任追溯的能力？	是

三、产地环境质量

6	产地环境质量	产地是否距离公路、铁路、生活区50米以上，距离工矿企业1千米以上？	是
		周边是否存在对生产造成危害的污染源或潜在污染源？	否
		厂内环境、生产车间环境及生产设施等是否适宜绿色食品发展？	是
		加工厂内区域和设施是否布局合理？	是
		生产车间内生产线、生产设备是否满足要求？	是
		卫生条件是否符合GB 14881标准要求？	是
		生产车间物流、人流是否合理？	是
		绿色食品与非绿色生产区域之间是否有效隔离？	是
7	环境检测项目	空气	□检测
			☑符合NY/T 1054免测要求
			□提供了符合要求的环境背景值
			□续展产地环境未发生变化免测
		加工水	☑检测
			□矿泉水水源免测；生活饮用水、饮用水水源、深井水免测（限饮用水产品的水源）
			□提供了符合要求的环境背景值免测
			□续展产地环境未发生变化免测
			□不涉及

四、生产加工

8	生产工艺	※ 简述工艺流程	宰前检疫→待宰→放血→剥皮→去头蹄→开膛→计量→排酸→清洗→晾肉→胴体卫检→运输→分割→包装→冷藏
		是否满足生产需求?	是
		是否有潜在质量风险?	否
		是否设立了必要的监控手段?	是
9	生产设备	是否满足生产工艺要求?	是
		是否有潜在风险?	否
10	清洗	※ 简述清洗制度或措施的实施情况	建立了清洗制度并有效实施
		※ 简述清洗对象、清洗剂成分、清洗时间方法。是否有清洗记录?	用清水清洗加工设备，有清洗记录
11	消毒	※ 简述消毒制度或措施的实施情况	建立了消毒制度并有效实施
		※ 简述消毒对象、消毒剂成分、消毒时间方法。是否有消毒记录?	用酒精对加工设备消毒，有消毒记录
12	生产人员	是否有相应资质?	是
		是否掌握绿色食品生产技术要求?	是

五、主辅料和食品添加剂

13	主辅料	※ 简述每种产品主辅料的组成、配比、年用量、来源	产品主辅料牦牛肉，年用量240吨
		是否经过入厂检验且达标？	是
		组成和配比是否符合绿色食品加工产品原料的规定？	是
		主辅料购买合同和发票是否真实有效？	是
14	食品添加剂	※ 简述每种产品中食品添加剂的添加比例、成分、年用量、来源	不涉及
		是否经过入厂检验且达标？	不涉及
		添加剂使用是否符合 GB 2760 和 NY/T 392 标准要求？	不涉及
		购买合同和发票是否真实有效？	不涉及
15	生产用水	※ 简述加工水来源及预处理方式	使用自来水
16	生产记录	主辅料等投入品的购买合同（协议），以及领用、生产等记录是否真实有效？	是

六、包装与储运

17	包装材料	※ 简述包装材料、来源	食品级真空包装袋，固定厂家购买
		※ 简述周转箱材料，是否清洁？	不涉及
		包装材料选用是否符合 NY/T 658 标准要求？	是
		是否使用聚氯乙烯塑料？直接接触绿色食品的塑料包装材料和制品是否符合以下要求：未含有邻苯二甲酸酯、丙烯腈和双酚 A 类物质；未使用回收再用料等	否。符合要求
		纸质、金属、玻璃、陶瓷类包装性能是否符合 NY/T 658 标准要求？	不涉及
		油墨、贴标签的黏合剂等是否无毒？是否直接接触食品？	不涉及
		是否可重复使用、回收利用或可降解？	是
18	标志与标识	是否提供了带有绿色食品标志的包装标签或设计样张？（非预包装食品不必提供）	是
		包装标签标识及标识内容是否符合 GB 7718、NY/T 658 等标准要求？	是
		绿色食品标志设计是否符合《中国绿色食品商标标志设计使用规范手册》要求？	是
		包装标签中生产商、商品名、注册商标等信息是否与上一周期绿色食品标志使用证书中一致？（续展）	不涉及

19	生产资料仓库	是否与产品分开储藏?	是
		※ 简述卫生管理制度及执行情况	卫生管理制度、消毒制度健全，定期清洗，污物不外溢，做到日产日清理
		绿色食品与非绿色食品使用的生产资料是否分区储藏、区别管理?	不涉及
		※ 是否储存了绿色食品生产禁用物? 禁用物如何管理?	否
		※ 简述防虫、防鼠、防潮措施，说明使用的药剂种类和使用方法，是否符合 NY/T 393 规定?	仓库地面采用水泥铺设平整，仓库四周装有防鼠板等
		出入库记录和领用记录是否与投入品使用记录一致?	是
20	产品储藏仓库	周围环境是否卫生、清洁，远离污染源?	是
		※ 简述仓库内卫生管理制度及执行情况	建立了卫生管理制度，仓库卫生每日清洁，并有记录
		※ 简述储藏设备及储藏条件，是否满足产品温度、湿度、通风等储藏要求?	成品储藏在冷库中，达到成品仓储的要求，卫生管理状况良好
		※ 简述堆放方式，是否会对产品质量造成影响?	货架存放，不会对产品质量造成影响
		是否与有毒、有害、有异味、易污染物品同库存放?	否

20	产品储藏仓库	※ 简述与同类非绿色食品产品一起储藏的如何防混、防污、隔离?	全部为绿色食品
		※ 简述防虫、防鼠、防潮措施,说明使用的药剂种类和使用方法,是否符合NY/T 393规定?	使用防鼠板防鼠,未使用药剂
		是否有储藏管理记录?	是
		是否有产品出入库记录?	是
21	运输管理	※ 采用何种运输工具?	专用车辆运输
		运输条件是否满足产品保质储藏要求?	是
		是否与化肥、农药等化学物品及其他任何有害、有毒、有气味的物品一起运输?	否
		铺垫物、遮盖物是否清洁、无毒、无害?	是
		运输工具是否同时用于绿色食品和非绿色食品?如何防止混杂和污染?	不涉及
		※ 简述运输工具清洁措施	清水冲洗

七、废弃物处理及环境保护措施

22	废弃物处理	污水、下脚料、垃圾等废弃物是否及时处理?	是
		废弃物存放、处理、排放是否对食品生产区域及周边环境造成污染?	否
23	环境保护	※ 简述如果造成污染,采取了哪些保护措施?	不涉及

八、绿色食品标志使用情况（仅适用于续展）

24	是否提供了经核准的绿色食品标志使用证书？	不涉及
25	是否按规定时限续展？	不涉及
26	是否执行了《绿色食品标志商标使用许可合同》？	不涉及
27	续展申请人、产品名称等是否发生变化？	不涉及
28	质量管理体系是否发生变化？	不涉及
29	用标周期内是否出现产品质量投诉现象？	不涉及
30	用标周期内是否接受中心组织的年度抽检？产品抽检报告是否合格？	不涉及
31	※ 用标周期内是否出现年检不合格现象？说明年检不合格原因	不涉及
32	※ 核实用标周期内标志使用数量、原料使用凭证	不涉及
33	申请人是否建立了标志使用出入库台账，能够对标志的使用、流向等进行记录和追踪？	不涉及
34	※ 用标周期内标志使用存在的问题	不涉及

九、产量统计

※ 产品名称	※ 原料用量（吨 / 年）	※ 出成率（%）	※ 预计年产量（吨）
牦牛肉（冷冻）	110	18	20
牦牛肉牛排（冷冻）	110	7	8
牦牛肉腱子（冷冻）	110	5	6
牦牛肉牛腩（冷冻）	110	9	10
牦牛肉上脑（冷冻）	110	4	5
牦牛肉眼肉（冷冻）	110	5	6
牦牛肉脖子（冷冻）	110	9	10
牦牛霖肉（冷冻）	110	14	15
牦牛剔骨肉（冷冻）	110	18	20

现场检查意见

<table>
<tr><td>现场检查综合评价</td><td>经现场检查，该申请人组织结构、质量管理体系健全，设置了内检员并认真履行职责；动物防疫合格证、定点屠宰许可证、食品生产许可证等证明文件真实有效；制定了规范的加工操作规程并有效实施；生产厂区远离工矿区和公路铁路干线，周边无污染源，建立了保护生态环境的措施；生产设备齐全，生产工艺成熟，生产过程产生的废弃物和废水等进行无害化处理，未对周边环境产生影响；生产过程中未使用绿色食品违禁投入品；生产原料与成品单独存放，不产生交叉污染，生产仓库定时清理；产品包装采用定制的食品级包装盒，配有专车运输；废弃物处理及环境保护措施到位，具备可持续发展绿色食品的能力</td></tr>
<tr><td>检查意见</td><td>☑合格
□限期整改
□不合格</td></tr>
<tr><td colspan="2">检查组成员签字：
青山　斯青　和珊
2020 年 7 月 9 日</td></tr>
<tr><td colspan="2">我确认检查组已按照绿色食品现场检查通知书的要求完成了现场检查工作，报告内容符合客观事实。

申请人法定代表人（负责人）签字：

（盖章）
年　月　日</td></tr>
</table>

种植产品现场检查报告样表

种植产品现场检查报告

<table>
<tr><td colspan="2">申请人</td><td colspan="5"></td></tr>
<tr><td colspan="2">申请类型</td><td colspan="5">□初次申请　□续展申请　□增报申请</td></tr>
<tr><td colspan="2">申请产品</td><td colspan="5"></td></tr>
<tr><td colspan="2">检查组派出单位</td><td colspan="5"></td></tr>
<tr><td rowspan="5">检查组</td><td rowspan="2">分工</td><td rowspan="2">姓名</td><td rowspan="2">工作单位</td><td colspan="3">注册专业</td></tr>
<tr><td>种植</td><td>养殖</td><td>加工</td></tr>
<tr><td>组长</td><td></td><td></td><td></td><td></td><td></td></tr>
<tr><td rowspan="2">成员</td><td></td><td></td><td></td><td></td><td></td></tr>
<tr><td></td><td></td><td></td><td></td><td></td></tr>
<tr><td colspan="2">检查日期</td><td colspan="5"></td></tr>
</table>

中国绿色食品发展中心

注：标 ※ 内容应具体描述，其他内容做判断评价。

一、基本情况

序号	检查项目	检查内容	检查情况
1	基本情况	申请人的基本情况与申请书内容是否一致？	
		申请人的营业执照、商标注册证、土地权属证明等资质证明文件是否合法、齐全、真实？	
		是否在国家农产品质量安全追溯管理信息平台完成注册？	
		申请前三年或用标周期（续展）内是否有质量安全事故和不诚信记录？	
		※ 简述绿色食品生产管理负责人姓名、职务	
		※ 简述内检员姓名、职务	
2	种植基地及产品情况	※ 简述基地位置（具体到村）、面积	
		※ 简述种植产品名称、面积	
		基地分布图、地块分布图与实际情况是否一致？	
		※ 简述生产组织形式［自有基地、基地入股型合作社、流转土地、公司 + 合作社（农户）、全国绿色食品原料标准化生产基地］	
		种植基地 / 农户 / 社员 / 内控组织清单是否真实有效？	
		种植合同（协议）及购销凭证是否真实有效？	

二、质量管理体系

3	质量控制规范	质量控制规范是否健全？（应包括人员管理、投入品供应与管理、种植过程管理、产品采后管理、仓储运输管理、培训、档案记录管理等）	
		是否涵盖了绿色食品生产的管理要求？	
		种植基地管理制度在生产中是否能够有效落实？相关制度和标准是否在基地内公示？	
		是否有绿色食品标志使用管理制度？	
		是否存在非绿色产品生产？是否建立区分管理制度？	
4	生产操作规程	是否包括种子种苗处理、土壤培肥、病虫害防治、灌溉、收获、初加工、产品包装、储藏、运输等内容？	
		是否科学、可行，符合生产实际和绿色食品标准要求？	
		是否"上墙"或在醒目位置公示？	
5	产品质量追溯	是否有产品内检制度和内检记录？	
		是否有产品检验报告或质量抽检报告？	
		※是否建立了产品质量追溯体系？描述其主要内容	
		是否保存了能追溯生产全过程的上一生产周期或用标周期（续展）的生产记录？	
		记录中是否有绿色食品禁用的投入品？	
		是否具有组织管理绿色食品产品生产和承担责任追溯的能力？	

三、产地环境质量

6	产地环境	※ 简述地理位置、地形地貌	
		※ 简述年积温、年平均降水量、日照时数等	
		※ 简述当地主要植被及生物资源等	
		※ 简述农业种植结构	
		※ 简述生态环境保护措施	
		产地是否距离公路、铁路、生活区 50 米以上，距离工矿企业 1 千米以上？	
		产地是否远离污染源，配备切断有毒有害物进入产地的措施？	
		是否建立生物栖息地，保护基因多样性、物种多样性和生态系统多样性，以维持生态平衡？	
		是否能保证产地具有可持续生产能力，不对环境或周边其他生物产生污染？	
		绿色食品与非绿色生产区域之间是否有缓冲带或物理屏障？	
7	灌溉水源	※ 简述灌溉水来源	
		※ 简述灌溉方式	
		是否有引起灌溉水受污染的污染物及其来源？	
8	环境检测项目	空气	□检测
			□符合 NY/T 1054 免测要求

（续表）

8	环境检测项目	空气	□提供了符合要求的环境背景值
			□续展产地环境未发生变化免测
		土壤	□检测
			□符合 NY/T 1054 免测要求
			□提供了符合要求的环境背景值
			□续展产地环境未发生变化免测
		灌溉水	□检测
			□符合 NY/T 1054 免测要求
			□提供了符合要求的环境背景值
			□续展产地环境未发生变化免测

四、种子（种苗）

9	种子（种苗）来源	※ 简述品种及来源	
		外购种子（种苗）是否有标签和购买凭证？	

（续表）

10	种子（种苗）处理	※ 简述处理方式	
		※ 是否包衣？简述包衣剂种类、用量	
		※ 简述处理药剂的有效成分、用量、用法	
11	播种 / 育苗	※ 简述土壤消毒方法	
		※ 简述营养土配制方法	
		※ 简述药土配制方法	

五、作物栽培与土壤培肥

12	作物栽培	※ 简述栽培类型（露地 / 设施等）	
		※ 简述作物轮作、间作、套作情况	
13	土壤肥力与改良	※ 简述土壤类型、肥力状况	
		※ 简述土壤肥力保持措施	
		※ 简述土壤障碍因素	
		※ 简述使用土壤调理剂名称、成分和使用方法	
14	肥料使用	是否施用添加稀土元素的肥料？	
		是否施用成分不明确的、含有安全隐患成分的肥料？	
		是否施用未经发酵腐熟的人畜粪尿？	
		是否施用生活垃圾、污泥和含有害物质（如毒气、病原微生物、重金属等）的工业垃圾？	
		是否使用国家法律法规不得使用的肥料？	

（续表）

15	农家肥料	是否秸秆还田？	
		※ 是否种植绿肥？简述种类及亩产量	
		※ 是否堆肥？简述来源、堆制方法（时间、场所、温度）、亩施用量	
		※ 简述其他农家肥料的种类、来源及亩施用量	
16	商品有机肥	※ 简述有机肥的种类、来源及亩施用量，有机质、N、P、K 等主要成分含量	
17	微生物肥料	※ 简述种类、来源及亩施用量	
18	有机—无机复混肥料、无机肥料	※ 简述每种肥料的种类、来源及亩施用量，有机质、N、P、K 等主要成分含量	
19	氮素用量	※ 申请产品当季实际无机氮素用量（千克 / 亩）	
		※ 当季同种作物氮素需求量（千克 / 亩）	
20	肥料使用记录	是否有肥料使用记录？（包括地块、作物名称与品种、施用日期、肥料名称、施用量、施用方法和施用人员等）	

六、病虫草害防治

21	病虫草害发生情况	※ 简述本年度发生的病虫草害名称及危害程度	
22	农业防治	※ 简述具体措施及防治效果	
23	物理防治	※ 简述具体措施及防治效果	

（续表）

24	生物防治	※ 简述具体措施及防治效果	
25	农药使用	※ 简述通用名、防治对象	
		是否获得国家农药登记许可？	
		农药种类是否符合 NY/T 393 要求？	
		是否按农药标签规定使用范围、使用方法合理使用？	
		※ 简述使用 NY/T 393 表 A.1 规定的其他不属于国家农药登记管理范围的物质（物质名称、防治对象）	
26	农药使用记录	是否有农药使用记录？（包括地块、作物名称和品种、使用日期、药名、使用方法、使用量和施用人员）	

七、采后处理

27	收获	※ 简述作物收获时间、方式	
		是否有收获记录？	
28	初加工	※ 简述作物收获后初加工处理（清理、晾晒、分级等）？	
		是否打蜡？是否使用化学药剂？成分是否符合 GB 2760、NY/T 393 等标准要求？	
		※ 简述加工厂所地址、面积、周边环境	
		※ 简述厂区卫生制度及实施情况	
		※ 简述加工流程	
		※ 是否清洗？简述清洗用水的来源	

（续表）

28	初加工	※ 简述加工设备及清洁方法	
		※ 加工设备是否同时用于绿色和非绿色产品？如何防止混杂和污染？	
		※ 简述清洁剂、消毒剂种类和使用方法，如何避免对产品产生污染？	

八、包装与储运

29	包装材料	※ 简述包装材料、来源	
		※ 简述周转箱材料，是否清洁？	
		包装材料选用是否符合 NY/T 658 标准要求？	
		是否使用聚氯乙烯塑料？直接接触绿色食品的塑料包装材料和制品是否符合以下要求：未含有邻苯二甲酸酯、丙烯腈和双酚 A 类物质；未使用回收再用料等	
		纸质、金属、玻璃、陶瓷类包装性能是否符合 NY/T 658 标准要求？	
		油墨、贴标签的黏合剂等是否无毒？是否直接接触食品？	
		是否可重复使用、回收利用或可降解？	
30	标志与标识	是否提供了带有绿色食品标志的包装标签或设计样张？（非预包装食品不必提供）	
		包装标签标识及标识内容是否符合 GB 7718、NY/T 658 等标准要求？	

（续表）

30	标志与标识	绿色食品标志设计是否符合《中国绿色食品商标标志设计使用规范手册》要求？	
		包装标签中生产商、商品名、注册商标等信息是否与上一周期绿色食品标志使用证书中一致？（续展）	
31	生产资料仓库	是否与产品分开储藏？	
		※ 简述卫生管理制度及执行情况	
		绿色食品与非绿色食品使用的生产资料是否分区储藏、区别管理？	
		※ 是否储存了绿色食品生产禁用物？禁用物如何管理？	
		出入库记录和领用记录是否与投入品使用记录一致？	
32	产品储藏仓库	周围环境是否卫生、清洁，远离污染源？	
		※ 简述仓库内卫生管理制度及执行情况	
		※ 简述储藏设备及储藏条件，是否满足产品温度、湿度、通风等储藏要求？	
		※ 简述堆放方式，是否会对产品质量造成影响？	
		是否与有毒、有害、有异味、易污染物品同库存放？	

（续表）

32	产品储藏仓库	※ 简述与同类非绿色食品产品一起储藏的如何防混、防污、隔离	
		※ 简述防虫、防鼠、防潮措施，说明使用的药剂种类和使用方法，是否符合 NY/T 393 规定？	
		是否有储藏管理记录？	
		是否有产品出入库记录？	
33	运输管理	※ 简述采用何种运输工具	
		※ 简述保鲜措施	
		是否与化肥、农药等化学物品及其他任何有害、有毒、有气味的物品一起运输？	
		铺垫物、遮盖物是否清洁、无毒、无害？	
		运输工具是否同时用于绿色食品和非绿色食品？如何防止混杂和污染？	
		※ 简述运输工具清洁措施	
		是否有运输过程记录？	

九、废弃物处理及环境保护措施

34	废弃物处理	污水、农药包装袋、垃圾等废弃物是否及时处理？	
		废弃物存放、处理、排放是否对食品生产区域及周边环境造成污染？	
35	环境保护	※ 如果造成污染，采取了哪些保护措施？	

十、绿色食品标志使用情况（仅适用于续展）

36	是否提供了经核准的绿色食品标志使用证书?	
37	是否按规定时限续展?	
38	是否执行了《绿色食品标志商标使用许可合同》?	
39	续展申请人、产品名称等是否发生变化?	
40	质量管理体系是否发生变化?	
41	用标周期内是否出现产品质量投诉现象?	
42	用标周期内是否接受中心组织的年度抽检?产品抽检报告是否合格?	
43	※ 用标周期内是否出现年检不合格现象?说明年检不合格原因	
44	※ 核实用标周期内标志使用数量、原料使用凭证	
45	申请人是否建立了标志使用出入库台账，能够对标志的使用、流向等进行记录和追踪?	
46	※ 用标周期内标志使用存在的问题	

十一、收获统计

※ 作物名称	※ 种植面积（万亩）	※ 茬 / 年	※ 预计年收获量（吨）

现场检查意见

<table>
<tr><td>现场检查
综合评价</td><td></td></tr>
<tr><td>检查意见</td><td>□合格
□限期整改
□不合格</td></tr>
<tr><td colspan="2">检查组成员签字：

年　月　日</td></tr>
<tr><td colspan="2">我确认检查组已按照绿色食品现场检查通知书的要求完成了现场检查工作，报告内容符合客观事实。

申请人法定代表人（负责人）签字：

（盖章）
年　月　日</td></tr>
</table>

畜禽产品现场检查报告样表

畜禽产品现场检查报告

<table>
<tr><td colspan="2">申请人</td><td colspan="5"></td></tr>
<tr><td colspan="2">申请类型</td><td colspan="5">□初次申请　□续展申请　□增报申请</td></tr>
<tr><td colspan="2">申请产品</td><td colspan="5"></td></tr>
<tr><td colspan="2">检查组派出单位</td><td colspan="5"></td></tr>
<tr><td rowspan="5">检查组</td><td rowspan="2">分工</td><td rowspan="2">姓名</td><td rowspan="2">工作单位</td><td colspan="3">注册专业</td></tr>
<tr><td>种植</td><td>养殖</td><td>加工</td></tr>
<tr><td>组长</td><td></td><td></td><td></td><td></td><td></td></tr>
<tr><td rowspan="2">成员</td><td></td><td></td><td></td><td></td><td></td></tr>
<tr><td></td><td></td><td></td><td></td><td></td></tr>
<tr><td colspan="2">检查日期</td><td colspan="5"></td></tr>
</table>

中国绿色食品发展中心

注：标 ※ 内容应具体描述，其他内容做判断评价。

一、基本情况

序号	检查项目	检查内容	检查情况描述
1	基本情况	申请人的基本情况与申请书内容是否一致?	
		申请人的营业执照、商标注册证、土地权属证明、动物防疫条件合格证等资质证明文件是否合法、齐全、真实?	
		是否在国家农产品质量安全追溯管理信息平台完成注册?	
		申请前三年或用标周期（续展）内是否有质量安全事故和不诚信记录?	
		※ 简述绿色食品生产管理负责人姓名、职务	
		※ 简述内检员姓名、职务	
2	养殖基地及产品情况	※ 简述养殖基地（牧场 / 养殖场）地址、面积（具体到村）	
		※ 简述生产组织形式 [自有基地、基地入股型合作社、流转土地、公司 + 合作社（农户）等]	
		基地 / 农户 / 社员 / 内控组织清单是否真实有效?	
		※ 简述畜禽品种及规模	
		饲养方式	□完全草原放牧 □半放牧半饲养 □农区养殖场
		※ 简述养殖周期	

（续表）

2	养殖基地及产品情况	养殖规模是否超过当地规定的载畜量？	
		基地位置图、养殖场所布局平面图与实际情况是否一致？	
3	委托生产情况	饲料如涉及委托种植，是否有委托种植合同（协议）？是否有区别生产管理制度？	
		畜禽如委托屠宰加工，是否有委托屠宰加工合同（协议）？是否有区别生产管理制度？	

二、质量管理体系

4	质量控制规范	质量控制规范是否健全？（应包括人员管理、饲料供应与加工、养殖过程管理、疾病防治、畜禽出栏及产品收集管理、仓储运输管理、档案记录管理等）	
		是否涵盖了绿色食品生产的管理要求？	
		管理制度在生产中是否能够有效落实？相关制度和标准是否在基地内公示？	
		是否建立绿色食品与非绿色食品生产区分管理制度？	
		是否具有与其养殖规模相适应的执业兽医或乡村兽医？	
		饲养人员是否符合国家规定的卫生健康标准并定期接受专业知识培训？	
		是否有绿色食品标志使用管理制度？	

（续表）

5	生产操作规程	是否包括品种来源、饲养管理、疾病防治、场地消毒、无害化处理、畜禽出栏、产品收集、包装、储藏、运输规程等内容？	
		是否科学、可行，符合生产实际和绿色食品标准要求？	
		相关制度和规程是否在基地内公示并有效实施？	
6	产品质量追溯	是否有产品内检制度和内检记录？	
		是否有产品检验报告或质量抽检报告？	
		※ 简述产品质量追溯体系主要内容	
		是否保存了能追溯生产全过程的上一生产周期或用标周期（续展）的生产记录？	
		记录中是否有绿色食品禁用的投入品？	
		是否具有组织管理绿色食品生产和承担追溯责任的能力？	

三、养殖基地环境质量

7	养殖基地环境	※ 简述养殖基地（牧场 / 养殖场）地址、地形地貌	
		※ 简述生态养殖模式	
		※ 简述生态环境保护措施	
		养殖基地是否距离公路、铁路、生活区 50 米以上，距离工矿企业 1 千米以上？	
		是否建立生物栖息地？应保证养殖基地具有可持续生产能力，不对环境或周边其他生物产生污染？	

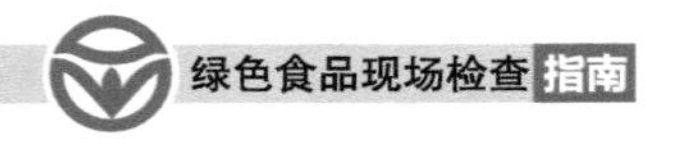

（续表）

7	养殖基地环境	是否有保护基因多样性、物种多样性和生态系统多样性，以维持生态平衡的措施？	
		养殖场区是否有明显的功能区划分？	
		养殖场各功能区布局设计是否合理？	
		养殖场各功能区是否进行了有效的隔离？	
		※ 简述养殖场区入口处消毒方法	
		是否有良好的采光、防暑降温、防寒保暖、通风等设施？	
		是否有畜禽活动场所和遮阴设施？	
		是否有清洁的养殖用水供应？	
		是否有与生产规模相适应的饲草饲料加工与储存设备设施？	
		是否配备疫苗冷冻（冷藏）设备、消毒和诊疗等防疫设备的兽医室或者有兽医机构为其提供相应服务？	
		是否有与生产规模相适应病死畜禽和污水污物的无害化处理设施？	
		是否有相对独立的隔离栏舍？	
		养殖场是否配备防鼠、防鸟、防虫等设施？	
		※ 简述养殖场卫生情况	

（续表）

<table>
<tr><td rowspan="3">8</td><td rowspan="3">畜禽养殖用水</td><td>※ 简述畜禽养殖用水来源</td><td></td></tr>
<tr><td>是否定期检测？检测结果是否合格？</td><td></td></tr>
<tr><td>是否有引起水源污染的污染物及其来源？</td><td></td></tr>
<tr><td rowspan="13">9</td><td rowspan="13">环境检测项目</td><td rowspan="4">空气</td><td>□检测</td></tr>
<tr><td>□散养、放牧区域空气免测</td></tr>
<tr><td>□提供了符合要求的环境背景值</td></tr>
<tr><td>□续展产地环境未发生变化免测</td></tr>
<tr><td rowspan="4">土壤</td><td>□检测</td></tr>
<tr><td>□畜禽产品散养、放牧区域土壤免测</td></tr>
<tr><td>□续展产地环境未发生变化免测</td></tr>
<tr><td>□不涉及</td></tr>
<tr><td rowspan="4">畜禽养殖用水</td><td>□检测</td></tr>
<tr><td>□提供了符合要求的环境背景值</td></tr>
<tr><td>□续展产地环境未发生变化免测</td></tr>
<tr><td>□不涉及</td></tr>
</table>

四、畜禽来源

10	外购	※ 简述外购畜禽来源	
		是否有外购畜禽凭证?	
		是否符合绿色食品养殖周期要求?	
11	自繁自育	繁殖方式（自然繁殖 / 人工繁殖 / 人工辅助繁殖）	
		※ 简述种苗培育规格、培育时间	

五、畜禽饲料及饲料添加剂

12	饲料组成	※ 简述各养殖阶段饲料及饲料添加剂组成、比例、年用量	
		※ 简述预混料组成及比例	
		※ 简述饲料添加剂成分	
		饲料及饲料添加剂是否符合 NY/T 471 中的规定?	
13	外购饲料	饲料原料来源	□绿色食品 □绿色食品生产资料 □绿色食品原料标准化生产基地 其他：
		购买合同（协议）及发票是否真实有效?	
		购买合同（协议）期限是否涵盖一个用标周期?	

（续表）

13	外购饲料	购买合同（协议）购买量是否能够满足生产需求量？	
		饲料包装标签中名称、主要成分、生产企业等信息是否与合同（协议）一致？	
14	自种饲料	是否符合种植产品现场检查要点相关要求？	
		自种饲料产量是否满足生产需要？	
15	饲料加工	※ 简述加工工艺	
		加工工艺、设施设备、配方和加工量是否满足生产需要？	
		是否建立完善的生产加工制度？	
		是否使用抗病、抗虫药物，激素或其他生长促进剂等药物添加剂？	

六、饲养管理

16	饲养管理	绿色食品养殖和常规养殖之间是否具有效的隔离措施，或严格的区分管理措施？	
		纯天然放牧养殖的畜禽，其饲草面积、放牧期饲草产量是否满足生产需求量？	
		是否存在补饲？	
		补饲所用饲料及饲料添加剂是否符合绿色食品相关要求？	

（续表）

16	饲养管理	畜（禽）圈舍是否配备采光通风、防寒保暖、防暑降温、粪尿沟槽、废物收集、清洁消毒等设备或措施？	
		是否根据不同性别、不同养殖阶段进行分舍饲养？	
		是否提供足够的活动及休息场所？	
		幼畜是否能够吃到初乳？	
		幼畜断奶前是否进行补饲训练？	
		幼畜断奶前补饲所用饲料是否符合绿色食品相关要求？	
		在一个生长（或生产）周期内，各养殖阶段所用饲料是否符合绿色食品相关要求？	
		是否具有专门的绿色食品饲养管理规范？	
		是否具有饲养管理相关记录？	
		饲养管理人员是否经过绿色食品生产管理培训？	
		饲料、饮水、兽药、消毒剂等是否符合绿色食品相关要求？	

七、消毒和疾病防治

17	消毒	生产人员进入生产区是否有更衣、消毒等制度或措施？	
		※ 简述非生产人员出入生产区管理制度	

（续表）

17	消毒	※ 简述消毒对象、消毒剂、消毒时间、使用方法	
		※ 简述消毒制度或消毒措施的实施情况	
		是否有消毒记录？	
18	疾病防治	※ 简述当地常规养殖发生的疾病及流行程度	
		※ 简述畜禽引入后采用何种措施预防疾病发生	
		※ 简述本养殖周期免疫接种情况（疫苗种类、接种时间、次数）	
		※ 简述本养殖周期疾病发生情况，使用药物名称、剂量、使用方法、停药期	
		所使用的兽药是否取得国家兽药批准文号？是否按照兽药标签的方法和说明使用？	
		是否有兽药使用记录？	
		是否有使用禁用药品的迹象？	

八、活体运输及动物福利

19	活体运输	※ 简述采用何种工具运输，包括运输时间、运输方式、运输数量、目的地等	
		是否具有与常规畜禽进行区分隔离的相关措施及标识？	

（续表）

19	活体运输	装卸及运输过程是否会对动物产生过度应激？	
		运输过程是否使用镇静剂或其他调节神经系统的制剂？	
20	动物福利	是否供给畜禽足够的阳光、食物、饮用水、活动空间等？	
		是否进行过非治疗性手术（断尾、断喙、烙翅、断牙等）？	
		是否存在强迫喂食现象？	

九、畜禽出栏或产品收集

21	畜禽出栏	※ 简述畜禽出栏时间	
		※ 简述质量检验方法	
22	禽蛋及生鲜乳收集	※ 简述产品清洗、除杂、过滤等处理方式	
		※ 简述收集场所的位置、周围环境	
		※ 简述收集场所的卫生制度及实施情况	
		※ 简述所用的设备及清洁方法	
		※ 简述清洁剂、消毒剂种类和使用方法，如何避免对产品产生的污染？	
		※ 简述所用设备绿色食品与非绿色食品区别管理制度	

十、屠宰加工

23	屠宰加工	屠宰加工厂所在位置、面积、周围环境与申请材料是否一致?	
		※ 简述厂区卫生管理制度及实施情况	
		待宰圈设置是否能够有效减少对畜禽的应激?	
		是否具有屠宰前后的检疫记录?	
		※ 简述不合格产品处理方法及记录	
		※ 简述屠宰加工流程	
		※ 简述加工设施与设备的清洗措施与消毒情况	
		※ 简述所用设备绿色食品与非绿色食品区别管理制度	
		加工用水是否符合 NY/T 391 要求?	
		屠宰加工过程中污水排放是否符合 GB 13457 的要求?	

十一、包装及储运

24	包装材料	※ 简述包装材料、来源	
		※ 简述周转箱材料及清洁情况	
		包装材料选用是否符合 NY/T 658 标准要求?	
		是否使用聚氯乙烯塑料? 直接接触绿色食品的塑料包装材料和制品是否符合以下要求:未含有邻苯二甲酸酯、丙烯腈和双酚 A 类物质;未使用回收再用料等	

（续表）

24	包装材料	纸质、金属、玻璃、陶瓷类包装性能是否符合 NY/T 658 标准要求？	
		油墨、贴标签的黏合剂等是否无毒？是否直接接触食品？	
		是否可重复使用、回收利用或可降解？	
25	标志与标识	是否提供了带有绿色食品标志的包装标签或设计样张？（非预包装食品不必提供）	
		包装标签标识及标识内容是否符合 GB 7718、NY/T 658 标准要求？	
		绿色食品标志设计是否符合《中国绿色食品商标标志设计使用规范手册》要求？	
		包装标签中生产商、商品名、注册商标等信息是否与上一周期绿色食品标志使用证书中一致？（续展）	
26	生产资料仓库	是否与产品分开储藏？	
		※ 简述卫生管理制度及执行情况	
		绿色食品与非绿色食品使用的生产资料是否分区储藏、区别管理？	
		※ 是否储存了绿色食品生产禁用物？禁用物如何管理？	
		出入库记录和领用记录是否与投入品使用记录一致？	

（续表）

27	产品储藏仓库	周围环境是否卫生、清洁，远离污染源？	
		※ 简述仓库内卫生管理制度及执行情况	
		※ 简述储藏设备及储藏条件，是否满足食品温度、湿度、通风等储藏要求？	
		※ 简述堆放方式，是否会对产品质量造成影响？	
		是否与有毒、有害、有异味、易污染物品同库存放？	
		※ 与同类非绿色食品产品一起储藏的如何防混、防污、隔离？	
		※ 简述防虫、防鼠、防潮措施，使用的药剂种类、剂量和使用方法是否符合 NY/T 393 规定？	
		是否有设备管理记录？	
		是否有产品出入库记录？	
28	运输管理	采用何种运输工具？	
		※ 简述保鲜措施	
		是否与化肥、农药等化学物品及其他任何有害、有毒、有气味的物品一起运输？	
		铺垫物、遮盖物是否清洁、无毒、无害？	
		※ 运输工具是否同时用于绿色食品和非绿色食品？如何防止混杂和污染？	
		※ 简述运输工具清洁措施	
		是否有运输过程记录？	

十二、废弃物处理及环境保护措施

29	废弃物处理	※ 污水、畜禽粪便、病死畜禽尸体、垃圾等废弃物是否及时无害化处理？简述无害化处理方式	
		废弃物存放、处理、排放是否符合国家相关标准？	
30	环境保护	※ 如果造成污染，采取了哪些保护措施？	

十三、绿色食品标志使用情况（仅适用于续展）

31	是否提供了经核准的绿色食品标志使用证书？	
32	是否按规定时限续展？	
33	是否执行了《绿色食品商标标志使用许可合同》？	
34	续展申请人、产品名称等是否发生变化？	
35	质量管理体系是否发生变化？	
36	用标周期内是否出现产品质量投诉现象？	
37	用标周期内是否接受中心组织的年度抽检？产品抽检报告是否合格？	
38	※ 用标周期内是否出现年检不合格现象？说明年检不合格原因	
39	※ 核实上一用标周期标志使用数量、原料使用凭证	
40	申请人是否建立了标志使用出入库台账，能够对标志的使用、流向等进行记录和追踪？	
41	※ 简述用标周期内标志使用存在的问题	

十四、收获统计

※ 畜禽名称	※ 养殖规模（头 / 只 / 羽）	※ 养殖周期（日龄 / 月龄 / 年龄）	※ 预计年产量（吨）

现场检查意见

<table>
<tr><td>现场检查综合评价</td><td></td></tr>
<tr><td>检查意见</td><td>□合格
□限期整改
□不合格</td></tr>
<tr><td colspan="2">检查组成员签字：

年　月　日</td></tr>
<tr><td colspan="2">我确认检查组已按照绿色食品现场检查通知书的要求完成了现场检查工作，报告内容符合客观事实。

申请人法定代表人（负责人）签字：
（盖章）
年　月　日</td></tr>
</table>

加工产品现场检查报告样表

加工产品现场检查报告

<table>
<tr><td colspan="2">申请人</td><td colspan="5"></td></tr>
<tr><td colspan="2">申请类型</td><td colspan="5">□初次申请　□续展申请　□增报申请</td></tr>
<tr><td colspan="2">申请产品</td><td colspan="5"></td></tr>
<tr><td colspan="2">检查组派出单位</td><td colspan="5"></td></tr>
<tr><td rowspan="5">检查组</td><td rowspan="2">分工</td><td rowspan="2">姓名</td><td rowspan="2">工作单位</td><td colspan="3">注册专业</td></tr>
<tr><td>种植</td><td>养殖</td><td>加工</td></tr>
<tr><td>组长</td><td></td><td></td><td></td><td></td><td></td></tr>
<tr><td rowspan="2">成员</td><td></td><td></td><td></td><td></td><td></td></tr>
<tr><td></td><td></td><td></td><td></td><td></td></tr>
<tr><td colspan="2">检查日期</td><td colspan="5"></td></tr>
</table>

中国绿色食品发展中心

注：标 ※ 内容应具体描述，其他内容做判断评价。

一、基本情况

序号	检查项目	检查内容	检查情况
1	基本情况	申请人的基本情况与申请书内容是否一致?	
		※ 是否有委托加工？被委托加工方名称	
		营业执照是否真实有效、满足绿色食品申报要求?	
		食品生产许可证、定点屠宰许可证、食盐定点生产许可证、采矿许可证、取水许可证等是否真实有效、满足申请产品生产要求?	
		商标注册证是否真实有效、核定范围包含申报产品?	
		是否在国家农产品质量安全追溯管理信息平台完成注册?	
		申请前三年或用标周期（续展）内是否有质量安全事故和不诚信记录?	
		※ 简述绿色食品生产管理负责人姓名、职务	
		※ 简述内检员姓名、职务	
2	加工厂情况	※ 简述厂区位置	
		厂区分布图与实际情况是否一致?	

二、质量管理体系

3	质量控制规范	是否涵盖组织管理、原料管理、生产过程管理、环境保护、区分管理、培训考核、内部检查及持续改进、检测、档案管理、质量追溯管理等制度?	
		是否涵盖了绿色食品生产的管理要求?	
		绿色食品制度在生产中是否能够有效落实?相关制度和标准是否在基地内公示?	
		是否建立中间产品和不合格品的处置、召回等制度?	
		是否有其他质量管理体系文件（ISO 9001、ISO 22000、HACCP 等）?	
		是否有绿色食品标志使用管理制度?	
		是否存在非绿色产品生产?是否建立区分管理制度?	
4	生产操作规程	是否按照绿色食品全程质量控制要求包含主辅料使用、生产工艺、包装储运等内容?	
		生产操作规程是否科学、可行，符合生产实际和绿色食品标准要求?	
		是否“上墙”或在醒目位置公示?	
5	产品质量追溯	是否有产品内检制度和内检记录?	
		是否有产品检验报告或质量抽检报告?	
		※ 是否建设立了产品质量追溯体系?描述其主要内容	
		是否保存了能追溯生产全过程的上一生产周期或用标周期（续展）的生产记录?	
		记录中是否有绿色食品禁用的投入品?	
		是否具有组织管理绿色食品产品生产和承担责任追溯的能力?	

三、产地环境质量

6	产地环境质量	产地是否距离公路、铁路、生活区50米以上，距离工矿企业1千米以上？	
		周边是否存在对生产造成危害的污染源或潜在污染源？	
		厂内环境、生产车间环境及生产设施等是否适宜绿色食品发展？	
		加工厂内区域和设施是否布局合理？	
		生产车间内生产线、生产设备是否满足要求？	
		卫生条件是否符合GB 14881标准要求？	
		生产车间物流、人流是否合理？	
		绿色食品与非绿色生产区域之间是否有效隔离？	
7	环境检测项目	空气	□检测
			□符合NY/T 1054免测要求
			□提供了符合要求的环境背景值
			□续展产地环境未发生变化免测

（续表）

7	环境检测项目	加工水	□检测
			□矿泉水水源免测；生活饮用水、饮用水水源、深井水免测（限饮用水产品的水源）
			□提供了符合要求的环境背景值免测
			□续展产地环境未发生变化免测
			□不涉及

四、生产加工

8	生产工艺	※ 简述工艺流程	
		是否满足生产需求?	
		是否有潜在质量风险?	
		是否设立了必要的监控手段?	
9	生产设备	是否满足生产工艺要求?	
		是否有潜在风险?	
10	清洗	※ 简述清洗制度或措施的实施情况	
		※ 简述清洗对象、清洗剂成分、清洗时间方法。是否有清洗记录?	
11	消毒	※ 简述消毒制度或措施的实施情况	
		※ 简述消毒对象、消毒剂成分、消毒时间方法。是否有消毒记录?	
12	生产人员	是否有相应资质?	
		是否掌握绿色食品生产技术要求	

五、主辅料和食品添加剂

13	主辅料	※ 简述每种产品主辅料的组成、配比、年用量、来源	
		是否经过入厂检验且达标?	
		组成和配比是否符合绿色食品加工产品原料的规定?	
		主辅料购买合同和发票是否真实有效?	
14	食品添加剂	※ 简述每种产品中食品添加剂的添加比例、成分、年用量、来源	
		是否经过入厂检验且达标?	
		添加剂使用是否符合 GB 2760 和 NY/T 392 标准要求?	
		购买合同和发票是否真实有效?	
15	生产用水	※ 简述加工水来源及预处理方式	
16	生产记录	主辅料等投入品的购买合同(协议),以及领用、生产等记录是否真实有效?	

六、包装与储运

17	包装材料	※ 简述包装材料、来源	
		※ 简述周转箱材料,是否清洁?	
		包装材料选用是否符合 NY/T 658 标准要求?	
		是否使用聚氯乙烯塑料?直接接触绿色食品的塑料包装材料和制品是否符合以下要求:未含有邻苯二甲酸酯、丙烯腈和双酚 A 类物质;未使用回收再用料等	

（续表）

17	包装材料	纸质、金属、玻璃、陶瓷类包装性能是否符合 NY/T 658 标准要求？	
		油墨、贴标签的黏合剂等是否无毒？是否直接接触食品？	
		是否可重复使用、回收利用或可降解？	
18	标志与标识	是否提供了带有绿色食品标志的包装标签或设计样张？（非预包装食品不必提供）	
		包装标签标识及标识内容是否符合 GB 7718、NY/T 658 等标准要求？	
		绿色食品标志设计是否符合《中国绿色食品商标标志设计使用规范手册》要求？	
		包装标签中生产商、商品名、注册商标等信息是否与上一周期绿色食品标志使用证书中一致？（续展）	
19	生产资料仓库	是否与产品分开储藏？	
		※ 简述卫生管理制度及执行情况	
		绿色食品与非绿色食品使用的生产资料是否分区储藏、区别管理？	
		※ 是否储存了绿色食品生产禁用物？禁用物如何管理？	
		※ 简述防虫、防鼠、防潮措施，说明使用的药剂种类和使用方法，是否符合 NY/T 393 规定？	
		出入库记录和领用记录是否与投入品使用记录一致？	

（续表）

20	产品储藏仓库	周围环境是否卫生、清洁，远离污染源？	
		※ 简述仓库内卫生管理制度及执行情况	
		※ 简述储藏设备及储藏条件，是否满足产品温度、湿度、通风等储藏要求？	
		※ 简述堆放方式，是否会对产品质量造成影响？	
		是否与有毒、有害、有异味、易污染物品同库存放？	
		※ 简述与同类非绿色食品产品一起储藏的如何防混、防污、隔离？	
		※ 简述防虫、防鼠、防潮措施，说明使用的药剂种类和使用方法，是否符合 NY/T 393 规定？	
		是否有储藏管理记录？	
		是否有产品出入库记录？	
21	运输管理	※ 采用何种运输工具？	
		运输条件是否满足产品保质储藏要求？	
		是否与化肥、农药等化学物品及其他任何有害、有毒、有气味的物品一起运输？	
		铺垫物、遮盖物是否清洁、无毒、无害？	
		运输工具是否同时用于绿色食品和非绿色食品？如何防止混杂和污染？	
		※ 简述运输工具清洁措施	

七、废弃物处理及环境保护措施

22	废弃物处理	污水、下脚料、垃圾等废弃物是否及时处理?	
		废弃物存放、处理、排放是否对食品生产区域及周边环境造成污染?	
23	环境保护	※ 简述如果造成污染，采取了哪些保护措施?	

八、绿色食品标志使用情况（仅适用于续展）

24	是否提供了经核准的绿色食品标志使用证书?	
25	是否按规定时限续展?	
26	是否执行了《绿色食品标志商标使用许可合同》?	
27	续展申请人、产品名称等是否发生变化?	
28	质量管理体系是否发生变化?	
29	用标周期内是否出现产品质量投诉现象?	
30	用标周期内是否接受中心组织的年度抽检? 产品抽检报告是否合格?	
31	※ 用标周期内是否出现年检不合格现象? 说明年检不合格原因	
32	※ 核实用标周期内标志使用数量、原料使用凭证	
33	申请人是否建立了标志使用出入库台账，能够对标志的使用、流向等进行记录和追踪?	
34	※ 用标周期内标志使用存在的问题	

九、产量统计

※ 产品名称	※ 原料用量（吨 / 年）	※ 出成率（%）	※ 预计年产量（吨）

现场检查意见

<table>
<tr><td>现场检查
综合评价</td><td></td></tr>
<tr><td>检查意见</td><td>□合格
□限期整改
□不合格</td></tr>
<tr><td colspan="2">检查组成员签字：

年　月　日</td></tr>
<tr><td colspan="2">我确认检查组已按照绿色食品现场检查通知书的要求完成了现场检查工作，报告内容符合客观事实。

申请人法定代表人（负责人）签字：

（盖章）
年　月　日</td></tr>
</table>

水产品现场检查报告样表

水产品现场检查报告

<table>
<tr><td colspan="2">申请人</td><td colspan="5"></td></tr>
<tr><td colspan="2">申请类型</td><td colspan="5">□初次申请 □续展申请 □增报申请</td></tr>
<tr><td colspan="2">申请产品</td><td colspan="5"></td></tr>
<tr><td colspan="2">检查组派出单位</td><td colspan="5"></td></tr>
<tr><td rowspan="5">检查组</td><td rowspan="2">分工</td><td rowspan="2">姓名</td><td rowspan="2">工作单位</td><td colspan="3">注册专业</td></tr>
<tr><td>种植</td><td>养殖</td><td>加工</td></tr>
<tr><td>组长</td><td></td><td></td><td></td><td></td><td></td></tr>
<tr><td rowspan="2">成员</td><td></td><td></td><td></td><td></td><td></td></tr>
<tr><td></td><td></td><td></td><td></td><td></td></tr>
<tr><td colspan="2">检查日期</td><td colspan="5"></td></tr>
</table>

中国绿色食品发展中心

注：标 ※ 内容应具体描述，其他内容做判断评价。

一、基本情况

序号	检查项目	检查内容	检查情况
1	基本情况	申请人的基本情况与申请书内容是否一致?	
		申请人的资质证明文件是否合法、齐全、真实?	
		是否在国家农产品质量安全追溯管理信息平台完成注册?	
		申请前三年或用标周期(续展)内是否有质量安全事故和不诚信记录?	
		※ 简述绿色食品生产管理负责人姓名、职务	
		※ 简述内检员姓名、职务	
2	基地及产品情况	※ 简述基地位置、面积	
		※ 简述养殖品种、养殖密度及养殖周期	
		※ 简述养殖方式(湖泊养殖 / 水库养殖 / 近海放养 / 网箱养殖 / 网围养殖 / 池塘养殖 / 蓄水池养殖 / 工厂化养殖 / 稻田养殖 / 其他养殖)	
		※ 简述养殖模式(单养 / 混养 / 套养)、混养 / 套养品种及比例	
		※ 简述生产组织形式[自有基地、基地入股型合作社、流转土地、公司 + 合作社(农户)等]	
		基地 / 农户 / 社员 / 内控组织清单是否真实有效?	
		合同(协议)及购销凭证是否真实有效?	
		基地位置图和养殖区域分布图与实际情况是否一致?	

二、质量管理体系

3	质量控制规范	质量控制规范是否健全？（应包括人员管理、投入品供应与管理、养殖过程管理、产品收获管理、仓储运输管理、人员培训、档案记录等）	
		质量控制规范是否涵盖了绿色食品生产的管理要求？	
		基地管理制度在生产中是否能够有效落实？相关制度和标准是否在基地内公示？	
		是否有绿色食品标志使用管理制度？	
		生产管理人员是否定期接受绿色食品培训？	
		是否存在非绿色产品生产？是否建立区分管理制度？	
4	生产操作规程	是否包括环境条件、卫生消毒、繁育管理、饲料管理、疫病防治、捕捞、初加工、包装、储藏、运输等内容？	
		是否科学、可行，符合生产实际和绿色食品标准要求？	
		是否包含混养/套养品种的养殖技术规程？是否会对申请产品造成影响？	
		是否“上墙”或在醒目位置公示？	
5	产品质量追溯	是否有产品内检制度和内检记录？	
		是否有产品检验报告或质量抽检报告？	
		※ 是否建设立了产品质量追溯体系？描述其主要内容	
		是否保存了能追溯生产全过程的上一生产周期或用标周期（续展）的生产记录？	
		记录中是否有绿色食品禁用的投入品？	
		是否具有组织管理绿色食品产品生产和承担责任追溯的能力？	

三、产地环境质量

6	产地环境	※ 简述地理位置、水域环境	
		※ 简述渔业生产结构	
		※ 简述生态环境保护措施	
		产地是否距离公路、铁路、生活区 50 米以上，距离工矿企业 1 千米以上?	
		产地是否远离污染源，具备切断有毒有害物进入产地的措施?	
		绿色食品与非绿色生产区域之间是否有缓冲带或物理屏障?	
		是否能保证产地具有可持续生产能力，不对环境或周边其他生物产生污染?	
7	渔业用水	※ 简述来源	
		※ 简述进排水方式	
		是否定期检测? 检测结果是否合格?	
		是否有引起水源受污染的污染物及其来源?	
8	环境检测项目	空气	□检测
			□水产养殖业区免测
			□续展产地环境未发生变化免测
		渔业用水	□检测
			□深海渔业用水免测

（续表）

8	环境检测项目	空气	□提供了符合要求的环境背景值
			□续展产地环境未发生变化免测
		底泥	□检测
			□深海和网箱养殖区免测
			□提供了符合要求的环境背景值
			□续展产地环境未发生变化免测

四、苗　种

9	外购	※ 简述苗种规格及来源单位	
		是否在至少 2/3 养殖周期内采用绿色食品标准要求养殖?	
		供方是否有苗种生产许可证?	
		是否有购买合同（协议）及购销凭证?	
		※ 苗种运输过程是否使用药剂？说明药剂名称、使用量、使用方法	
		※ 简述苗种投放时间、投放规格及投放量	
		※ 投放养殖区域前是否暂养？说明暂养场所位置、水源及消毒使用的药剂名称、使用量、使用方法	
		※ 投放养殖区域前苗种是否消毒？说明药剂名称、使用量、使用方法	

（续表）

10	自繁自育	※ 简述繁育方式（自然繁殖 / 人工繁殖 / 人工辅助繁殖）	
		※ 简述苗种培育周期及投放至养殖区域时的苗种规格	
		※ 苗种及育苗场所是否消毒？说明药剂名称、使用量、使用方法	
		是否有繁育记录？	

五、饲料及饲料添加剂

11	饲料及饲料添加剂使用	※ 简述各生长阶段饲料及饲料添加剂来源	
		各生长阶段饲料及饲料添加剂组成、用量、比例是否可以满足该生长阶段营养要求？（包括外购苗种投放前及捕捞后运输前暂养阶段）	
		外购商品饲料、外购饲料原料、饲料添加剂是否有购买合同（协议）及购销凭证？	
		是否对自行种植的植物性饲料原料开展现场检查？	
		是否使用 NY/T 471 标准中规定的不应添加的物质？	
		是否有饲料使用记录？	
12	饲料加工情况	※ 是否加工饲料？简述加工流程及出成率	

（续表）

12	饲料加工情况	是否委托加工？是否有委托加工合同（协议）？是否有区分管理制度？	
		※ 简述加工厂所位置、卫生制度及实施情况	
		是否建立完善的生产加工制度？	
		※ 简述加工设备及清洁方法，说明药剂名称、使用量、使用方法及避免对产品产生污染的措施	
		※ 加工设备是否同时用于绿色和非绿色产品？简述防止混杂和污染的措施	
		是否有饲料加工记录？	

六、肥料情况

13	肥料使用情况	※ 简述肥料名称及来源	
		※ 说明肥料使用量、使用时间、使用方法及用途	
		是否外购肥料？是否有购买合同（协议）及购销凭证？	
14	肥料使用记录	是否有肥料使用记录？	

七、疾病防治与水质改良

15	疾病预防与治疗情况	※ 简述当地同种水产品发生的疾病及流行程度	
		※ 简述同种水产品易发疾病的预防措施	

（续表）

15	疾病预防与治疗情况	※ 简述申请产品疾病预防措施	
		※ 简述发生过的疾病、危害程度及治疗措施	
		※ 说明使用渔药、疫苗的名称、用途、使用量（浓度）、使用方法及停药期	
		是否以预防为目的使用药物饲料添加剂？	
		是否为了促进水产品生长，使用抗菌药物、激素或其他生长促进剂？	
16	水质改良情况	※ 简述养殖水体水质改良措施，说明使用药剂名称、用量、用途及使用方法	
		※ 简述养殖区域消毒措施，说明使用消毒剂名称、用量及使用方法	
17	投入品使用记录	是否有渔药、疫苗、水质改良剂、消毒剂等投入品使用记录？	

八、收获后处理

18	收获情况	※ 简述捕捞时间	
		※ 简述捕捞方式及捕捞工具	
		是否有捕捞记录？	
		海洋捕捞是否符合 NY/T 1891 标准要求？	

（续表）

19	产品初加工情况	※ 捕捞后是否进行初加工处理（清理、晾晒、分级等）？简述加工流程	
		※ 简述加工厂所地址、面积、周边环境	
		※ 简述厂区卫生制度及实施情况	
		※ 说明加工用水的来源。是否符合 NY/T 391 标准要求？	
		※ 简述加工设备及清洁方法，说明药剂名称、使用量、使用方法及避免对产品产生污染的措施	
		※ 加工设备是否同时用于绿色和非绿色产品？简述防止混杂和污染的措施	
		是否有产品初加工记录？	

九、包装与储运

20	包装材料	※ 简述包装材料及来源	
		※ 简述周转箱材料，是否清洁？	
		包装材料选用是否符合 NY/T 658 标准要求？	
		是否使用聚氯乙烯塑料？直接接触绿色食品的塑料包装材料和制品是否符合以下要求：未含有邻苯二甲酸酯、丙烯腈和双酚 A 类物质；未使用回收再用料等	

（续表）

20	包装材料	纸质、金属、玻璃、陶瓷类包装性能是否符合 NY/T 658 标准要求？	
		油墨、贴标签的黏合剂等是否无毒？是否直接接触食品？	
		是否可重复使用、回收利用或可降解？	
21	标志与标识	是否提供了带有绿色食品标志的包装标签或设计样张？	
		包装标签标识及标识内容是否符合 GB 7718、NY/T 658 标准要求？	
		绿色食品标志设计是否符合《中国绿色食品商标标志设计使用规范手册》要求？	
		包装标签中生产商、产品名称、商标等信息是否与上一周期绿色食品标志使用证书中一致？（续展）	
22	生产资料仓库	是否与产品分开储藏？	
		※ 简述卫生管理制度及执行情况	
		绿色食品与非绿色食品使用的生产资料是否分区储藏、区别管理？	
		是否储存了绿色食品生产禁用物？禁用物如何管理？	
		出入库记录和领用记录是否与投入品使用记录一致？	

（续表）

23	产品储藏仓库	周围环境是否卫生、清洁，远离污染源？	
		※ 简述仓库内卫生管理制度及执行情况	
		※ 简述储藏设备及储藏条件，是否满足产品温度、湿度、通风等储藏要求？	
		※ 简述堆放方式。是否会对产品质量造成影响？	
		是否与有毒、有害、有异味、易污染物品同库存放？	
		※ 简述与同类非绿色食品产品一起储藏防混、防污、隔离措施	
		※ 简述防虫、防鼠、防潮措施，说明使用的药剂种类和使用方法。是否符合 NY/T 393 标准规定？	
		是否有储藏管理记录？	
		是否有产品出入库记录？	
24	运输管理	※ 说明运输方式及运输工具	
		※ 简述保活（保鲜）措施，说明药剂名称、使用量、使用方法及避免对产品产生污染的措施	
		※ 简述运输工具清洁措施，说明药剂名称、使用量、使用方法及避免对产品产生污染的措施	
		※ 运输工具是否同时用于绿色食品和非绿色食品？简述防止混杂和污染的措施	
		是否与化学物品及其他任何有害、有毒、有气味的物品一起运输？	
		铺垫物、遮盖物是否清洁、无毒、无害？	
		是否有运输过程记录？	

十、废弃物处理及环境保护措施

25	废弃物处理	尾水、养殖废弃物、垃圾等是否及时处理?	
		废弃物存放、处理、排放是否对食品生产区域及周边环境造成污染?	
26	环境保护	※ 如果造成污染，采取了哪些保护措施?	

十一、绿色食品标志使用情况（仅适用于续展）

27	是否提供了经核准的绿色食品标志使用证书?	
28	是否按规定时限续展?	
29	是否执行了《绿色食品标志商标使用许可合同》?	
30	续展申请人、产品名称等是否发生变化?	
31	质量管理体系是否发生变化?	
32	用标周期内是否出现产品质量投诉现象?	
33	用标周期内是否接受中心组织的年度抽检? 产品抽检报告是否合格?	
34	※ 用标周期内是否出现年检不合格现象? 说明年检不合格原因	
35	※ 核实用标周期内标志使用数量、原料使用凭证	
36	申请人是否建立了标志使用出入库台账，能够对标志的使用、流向等进行记录和追踪?	
37	※ 用标周期内标志使用存在的问题	

十二、收获统计

※ 产品名称	※ 养殖面积（万亩）	※ 养殖周期	※ 预计年产量（吨）

现场检查意见

<table>
<tr><td>现场检查综合评价</td><td></td></tr>
<tr><td>检查意见</td><td>□合格
□限期整改
□不合格</td></tr>
<tr><td colspan="2">检查组成员签字：

年　月　日</td></tr>
<tr><td colspan="2">我确认检查组已按照绿色食品现场检查通知书的要求完成了现场检查工作，报告内容符合客观事实。

申请人法定代表人（负责人）签字：

（盖章）
年　月　日</td></tr>
</table>

食用菌现场检查报告样表

食用菌现场检查报告

<table>
<tr><td colspan="2">申请人</td><td colspan="5"></td></tr>
<tr><td colspan="2">申请类型</td><td colspan="5">□初次申请　□续展申请　□增报申请</td></tr>
<tr><td colspan="2">申请产品</td><td colspan="5"></td></tr>
<tr><td colspan="2">检查组派出单位</td><td colspan="5"></td></tr>
<tr><td rowspan="4">检查组</td><td>分工</td><td>姓名</td><td>工作单位</td><td colspan="3">注册专业</td></tr>
<tr><td>组长</td><td></td><td></td><td>种植</td><td>养殖</td><td>加工</td></tr>
<tr><td rowspan="2">成员</td><td></td><td></td><td></td><td></td><td></td></tr>
<tr><td></td><td></td><td></td><td></td><td></td></tr>
<tr><td colspan="2">检查日期</td><td colspan="5"></td></tr>
</table>

中国绿色食品发展中心

注：标 ※ 内容应具体描述，其他内容做判断评价。

一、基本情况

序号	检查项目	检查内容	检查情况描述
1	基本情况	申请人的基本情况与申请书内容是否一致？	
		申请人的营业执照、商标注册证、土地权属证明等资质证明文件是否合法、齐全、真实？	
		是否在国家农产品质量安全追溯管理信息平台完成注册？	
		申请前三年或用标周期（续展）内是否有质量安全事故和不诚信记录？	
		※ 绿色食品生产管理负责人姓名、职务	
		※ 内检员姓名、职务	
2	基地及产品情况	※ 基地位置（具体到村）、面积	
		※ 栽培品种名称、面积	
		基地分布图、地块分布图与实际情况是否一致？	
		※ 简述生产组织形式［自有基地、基地入股型合作社、流转土地、公司 + 合作社（农户）、全国绿色食品原料标准化生产基地］	
		种植基地 / 农户 / 社员 / 内控组织清单是否真实有效？	
		种植合同（协议）及购销凭证是否真实有效？	
		※ 栽培场地（露天 / 竹棚 / 草棚 / 塑料棚 / 砖房 / 彩钢板房 / 其他）及设施（有控温湿设施 / 无控温湿设施 / 其他）	

二、质量管理体系

3	质量控制规范	质量控制规范是否健全？（应包括人员管理、投入品供应与管理、种植过程管理、产品采后管理、仓储运输管理、培训、档案记录管理等）	
		质量控制规范是否涵盖了绿色食品生产的管理要求？	
		种植基地管理制度在生产中是否能够有效落实？相关制度和标准是否在基地内公示？	
		是否有绿色食品标志使用管理制度？	
		是否存在非绿色产品生产？是否建立区分管理制度？	
		是否涵盖了绿色食品生产的管理要求？	
4	生产操作规程	是否包括菌种处理、基质制作、病虫害防治、日常管理、收获后、采集后运输、初加工、储藏、产品包装等内容？	
		是否科学、可行，符合生产实际和绿色食品标准要求？	
		是否“上墙”或在醒目位置公示？	
5	产品质量追溯	是否有产品内检制度和内检记录？	
		是否有产品检验报告或质量抽检报告？	
		※ 是否建设立了产品质量追溯体系？描述其主要内容	
		是否保存了能追溯生产全过程的上一生产周期或用标周期（续展）的生产记录？	
		记录中是否有绿色食品禁用的投入品？	
		是否具有组织管理绿色食品产品生产和承担责任追溯的能力？	

三、产地环境质量

6	周边环境	※ 地理位置、地形地貌	
		※ 年积温、年平均降水量、日照时数	
		※ 简述当地主要植被及生物资源	
		※ 农业种植结构	
		※ 简述生态环境保护措施	
		产地是否距离公路、铁路、生活区 50 米以上，距离工矿企业 1 千米以上？	
		产地是否远离污染源，配备切断有毒有害物进入产地的措施？	
		是否建立生物栖息地，保护基因多样性、物种多样性和生态系统多样性，以维持生态平衡？	
		是否能保证产地具有可持续生产能力，不对环境或周边其他生物产生污染？	
		绿色食品与非绿色生产区域之间是否有缓冲带或物理屏障？	
7	菇房环境	是否有污染源？	
		布局是否合理？	
		设施是否满足生产需要？	
		※ 简述清洁卫生状况	
		※ 简述消毒措施	

（续表）

8	食用菌生产用水	※ 来源	
		是否定期检测？检测结果是否合格？	
		※ 简述可能引起水源受污染的污染物及其来源	
9	环境检测项目	空气	□检测
			□符合 NY/T 1054 免测要求
			□提供了符合要求的环境背景值
			□续展产地环境未发生变化免测
		基质	□检测
			□符合 NY/T 1054 免测要求
			□提供了符合要求的环境背景值
			□续展产地环境未发生变化免测
		食用菌生产用水	□检测
			□符合 NY/T 1054 免测要求
			□提供了符合要求的环境背景值
			□续展产地环境未发生变化免测

四、菌　种

10	菌种来源	※ 菌种来源（外购 / 自繁）	
		外购菌种是否有标签和购买凭证？	
11	菌种处理	※ 简述菌种的培养和保存方法	
		※ 菌种是否需要处理？简述处理方法	

五、基　质

12	基质组成	※ 简述每种食用菌栽培基质原料的名称、比例、年用量	
		※ 基质原料来源	
		购买合同（凭证）是否真实有效？	
13	基质灭菌	※ 简述基质灭菌方法	

六、病虫害和杂菌防治

14	病虫害发生情况	※ 本年度发生病虫害和杂菌名称及危害程度	
15	农业防治	※ 具体措施及防治效果	
16	物理防治	※ 具体措施及防治效果	
17	生物防治	※ 具体措施及防治效果	
18	农药使用	※ 通用名、防治对象	
		是否获得国家农药登记许可？	
		农药种类是否符合 NY/T 393 要求？	
		是否按农药标签规定使用范围、使用方法合理使用？	
		※ 使用 NY/T 393 表 A.1 规定的其他不属于国家农药登记管理范围的物质（物质名称、防治对象）	

（续表）

19	农药使用记录	是否有农药使用记录？（包括地块、作物名称和品种、使用日期、药名、使用方法、使用量和施用人员）	

七、采后处理

20	收获	※ 简述作物收获时间、方式	
		是否有收获记录？	
21	初加工	※ 作物收获后经过何种初加工处理（清理、晾晒、分级等）？	
		※ 是否使用化学药剂？说明其成分是否符合 GB 2760、NY/T 393 标准要求	
		※ 简述加工厂所地址、面积、周边环境	
		※ 简述厂区卫生制度及实施情况	
		※ 简述加工流程	
		※ 是否清洗？清洗用水的来源	
		※ 简述加工设备及清洁方法	
		※ 简述清洁剂、消毒剂种类和使用方法，如何避免对产品产生的污染？	
		※ 加工设备是否同时用于绿色和非绿色产品？如何防止混杂和污染？	
		初加工过程是否使用荧光剂等非食品添加剂物质？	

八、包装与储运

22	包装材料	※ 简述包装材料、来源	
		※ 简述周转箱材料，是否清洁？	
		包装材料选用是否符合 NY/T 658 标准要求？	
		是否使用聚氯乙烯塑料？直接接触绿色食品的塑料包装材料和制品是否符合以下要求：未含有邻苯二甲酸酯、丙烯腈和双酚 A 类物质；未使用回收再用料等	
		纸质、金属、玻璃、陶瓷类包装性能是否符合 NY/T 658 标准要求？	
		油墨、贴标签的黏合剂等是否无毒，是否直接接触食品？	
		是否可重复使用、回收利用或可降解？	
23	标志与标识	是否提供了带有绿色食品标志的包装标签或设计样张？（非预包装食品不必提供）	
		包装标签标识及标识内容是否符合 GB 7718、NY/T 658 标准要求？	
		绿色食品标志设计是否符合《中国绿色食品商标标志设计使用规范手册》要求？	
		包装标签中生产商、商品名、注册商标等信息是否与上一周期绿色食品标志使用证书中一致？（续展）	

（续表）

24	生产资料仓库	是否与产品分开储藏？	
		※ 简述卫生管理制度及执行情况	
		绿色食品与非绿色食品使用的生产资料是否分区储藏、区别管理？	
		※ 是否储存了绿色食品生产禁用物？禁用物如何管理？	
		出入库记录和领用记录是否与投入品使用记录一致？	
25	产品储藏仓库	周围环境是否卫生、清洁，远离污染源？	
		※ 简述仓库内卫生管理制度及执行情况	
		※ 简述储藏设备及储藏条件，是否满足食品温度、湿度、通风等储藏要求？	
		※ 简述堆放方式，是否会对产品质量造成影响？	
		是否与有毒、有害、有异味、易污染物品同库存放？	
		※ 与同类非绿色食品产品一起储藏的如何防混、防污、隔离？	
		※ 简述防虫、防鼠、防潮措施，使用的药剂种类、剂量和使用方法是否符合 NY/T 393 规定？	
		是否有储藏设备管理记录？	
		是否有产品出入库记录？	

（续表）

26	运输管理	※ 采用何种运输工具？	
		※ 简述保鲜措施	
		是否与化肥、农药等化学物品及其他任何有害、有毒、有气味的物品一起运输？	
		铺垫物、遮盖物是否清洁、无毒、无害？	
		运输工具是否同时用于绿色食品和非绿色食品？如何防止混杂和污染？	
		※ 简述运输工具清洁措施	
		是否有运输过程记录？	

九、废弃物处理及环境保护措施

27	废弃物处理	污水、农药包装袋、垃圾等废弃物是否及时处理？	
		废弃物存放、处理、排放是否对食品生产区域及周边环境造成污染？	
28	环境保护	※ 如果造成污染，采取了哪些保护措施？	

十、绿色食品标志使用情况（仅适用于续展）

29	是否提供了经核准的绿色食品标志使用证书？	
30	是否按规定时限续展？	
31	是否执行了《绿色食品商标标志使用许可合同》？	
32	续展申请人、产品名称等是否发生变化？	

（续表）

33	质量管理体系是否发生变化？	
34	用标周期内是否出现产品质量投诉现象？	
35	用标周期内是否接受中心组织的年度抽检？产品抽检报告是否合格？	
36	※ 用标周期内是否出现年检不合格现象？说明年检不合格原因	
37	※ 核实上一用标周期标志使用数量、原料使用凭证	
38	申请人是否建立了标志使用出入库台账，能够对标志的使用、流向等进行记录和追踪？	
39	※ 用标周期内标志使用存在的问题	

十一、收获统计

※ 食用菌名称	※ 栽培规模（万袋 / 万瓶 / 亩）	※ 茬 / 年	※ 预计年收获量（吨）

现场检查意见

<table>
<tr><td>现场检查
综合评价</td><td></td></tr>
<tr><td>检查意见</td><td>□合格
□限期整改
□不合格</td></tr>
<tr><td colspan="2">检查组成员签字：

年　月　日</td></tr>
<tr><td colspan="2">我确认检查组已按照绿色食品现场检查通知书的要求完成了现场检查工作，报告内容符合客观事实。

申请人法定代表人（负责人）签字：

（盖章）
年　月　日</td></tr>
</table>

蜂产品现场检查报告样表

蜂产品现场检查报告

<table>
<tr><td colspan="2">申请人</td><td colspan="6"></td></tr>
<tr><td colspan="2">申请类型</td><td colspan="6">□初次申请　□续展申请　□增报申请</td></tr>
<tr><td colspan="2">申请产品</td><td colspan="6"></td></tr>
<tr><td colspan="2">检查组派出单位</td><td colspan="6"></td></tr>
<tr><td rowspan="5">检
查
组</td><td rowspan="2">分工</td><td rowspan="2">姓名</td><td rowspan="2">工作单位</td><td colspan="3">注册专业</td></tr>
<tr><td>种植</td><td>养殖</td><td>加工</td></tr>
<tr><td>组长</td><td></td><td></td><td></td><td></td><td></td></tr>
<tr><td rowspan="2">成员</td><td></td><td></td><td></td><td></td><td></td></tr>
<tr><td></td><td></td><td></td><td></td><td></td></tr>
<tr><td colspan="2">检查日期</td><td colspan="6"></td></tr>
</table>

中国绿色食品发展中心

注：标 ※ 内容应具体描述，其他内容做判断评价。

一、基本情况

序号	检查项目	检查内容	检查情况
1	基本情况	申请人的基本情况与申请书内容是否一致？	
		申请人营业执照、商标注册证等资质证明文件是否合法、齐全、真实？	
		是否在国家农产品质量安全追溯管理信息平台完成注册？	
		申请前三年或用标周期（续展）内是否有质量安全事故和不诚信记录？	
		※ 简述绿色食品生产管理负责人姓名、职务	
		※ 简述内检员姓名、职务	
2	蜜源地及产品情况	※ 简述野生蜜源地位置、面积	
		※ 简述转场蜜源地位置、面积（适用于转场放蜂）	
		蜜源基地位置图与实际情况是否一致？	
		※ 简述生产组织形式［自有基地、基地入股型合作社、流转土地、公司 + 合作社（农户）等］	
		基地农户 / 社员 / 内控组织清单是否真实有效？	
		合同（协议）及购销凭证是否真实有效？	
		※ 简述蜂场地址、蜂箱数	
		是否对人工种植蜜源地开展现场检查？包括种植基地环境、种植规程、基地管理制度、质量控制规范、投入品使用、产地环境检测等（适用于人工种植蜜源植物）	

二、质量管理体系

3	质量控制规范	质量控制规范是否健全？（应包括人员管理、投入品供应与管理、养殖过程管理、产品收获管理、仓储运输管理、人员培训、档案记录管理等）	
		质量控制规范是否涵盖了绿色食品生产的管理要求？	
		基地管理制度在生产中是否能够有效落实？相关制度和标准是否在基地内公示？	
		是否有绿色食品标志使用管理制度？	
		生产管理人员是否定期接受绿色食品培训？	
		是否存在非绿色产品生产？是否建立区分管理制度？	
4	生产操作规程	是否按照绿色食品全程质量控制要求，包含环境条件、卫生消毒、繁育管理、饲料管理、疾病防治、产品采收、初加工、运输、包装、储藏等内容？	
		生产操作规程是否科学、可行，符合生产实际和绿色食品标准要求？	
		是否包括对蜂王、工蜂、雄蜂的培育与养殖管理？	
5	产品质量追溯	是否有产品内检制度和内检记录？	
		是否有产品检验报告或质量抽检报告？	
		是否保存了能追溯生产全过程的上一生产周期或用标周期（续展）的生产记录？	
		记录中是否有绿色食品禁用的投入品？	
		是否具有组织管理绿色食品产品生产和承担责任追溯的能力？	

三、产地环境质量

6	蜜源地和蜂场环境	※ 简述地理位置、地形地貌	
		是否距离公路、铁路、生活区 50 米以上，距离工矿企业 1 千米以上？	
		周边是否有排尘污染源？区域内是否有上游被污染的江河流过？	
		是否远离村庄、城镇、车站等人口活动区？	
		※ 周边是否有畜禽养殖场？简述与蜂场距离	
		蜂场周围半径 5 千米范围内是否存在有毒蜜源植物？在有毒蜜源植物开花期是否放蜂？是否具有有效的隔离措施？	
		※ 蜜源地与常规农田的距离？针对常规农作物所用农药是否对蜂群有影响？简述隔离措施	
		※ 流蜜期内蜂场周围半径 5 千米范围内是否有处于花期的常规农作物？简述区别管理制度	
		是否能保证蜜源地具有可持续生产能力，不对环境或周边其他生物产生影响？	
7	养蜂用水	※ 简述来源、饮水器材	
		是否定期检测？检测结果是否合格？	
		是否有可能引起水源受污染的污染物？	

（续表）

8	环境检测项目	土壤	□检测
			□野生蜜源基地土壤免测
			□续展产地环境未发生变化免测
			□不涉及
		养蜂用水	□检测
			□提供了符合要求的环境背景值
			□续展产地环境未发生变化免测

四、蜜源植物

9	野生蜜源	※ 简述蜜源植物名称、覆盖率（株 / 单位面积）；如为杂花产品，写出主要的几种	
		※ 简述流蜜时间	
		※ 简述区域内与蜜源植物同花期植物名称、覆盖率（株 / 单位面积）	
		※ 蜜源植物是否发生过病虫害？是否做过人工防治？简述防治时间及防治措施	
10	人工种植	※ 简述蜜源植物名称	
		※ 简述流蜜时间	
		※ 简述花期的农事活动（施肥、病虫草害防治情况等）	

五、蜂王培育及其他蜂管理

11	蜂王培育	※ 简述品种及来源	
		※ 简述正常寿命	
		※ 繁育能力	高峰日产卵__枚
		※ 简述检查频率	
		※ 分蜂速度	经__日，可由__箱分为__箱
12	工蜂管理	※ 简述采蜜期寿命	
		※ 简述每群数量	
13	雄蜂管理	※ 简述每群数量与工蜂的比例	

六、饲养管理

14	养蜂机具	蜂箱和巢框用材是否无毒、无味、性能稳定、牢固？	
		养蜂机具及采收机具（包括隔王栅、饲喂器、起刮刀、脱粉器、集胶器、摇蜜机和台基条等）、产品存放器具所用材料是否无毒、无味？	
		※ 简述巢础材质、巢脾更换频率	
15	饲喂	※ 简述流蜜期饲喂成分	
		是否饲喂自留蜜和花粉？	
		※ 简述非流蜜期和越冬期饲喂情况	
		是否有饲喂记录？	

（续表）

16	疾病防治	※ 简述当地常见疾病及防治措施	
		※ 简述当年发生疾病及防治措施	
		※ 简述药物使用情况	
		※ 简述蜂场、蜂箱、器具消毒情况（消毒剂、方法、频次）	
		是否有药物使用记录？	
17	转场管理	※ 简述转场饲养的转地路线、转运方式、日期和蜜源植物花期、长势、流蜜状况等信息	
		转场前是否调整群势？运输过程中是否备足饲料及饮水？是否符合绿色食品相关标准规定？	
		是否用装运过农药、有毒化学品的运输设备装运蜂群？	
		※ 是否采取有效措施防止蜂群在运输途中的伤亡？简述具体措施	
		运输途中是否放蜂？是否经过污染源？途中采集的产品是否作为绿色食品或蜜蜂饲料？	
		是否有运输记录？（包括时间、天气、起运地、途经地、到达地、运载工具、承运人、押运人、蜂群途中表现等情况）	
		转场蜂场的生产管理是否符合绿色食品相关标准要求？转场蜜源植物的生产管理是否符合绿色食品相关标准要求？	

七、产品采收及处理

18	采收情况	※ 花期、平均采收频次、单群平均产量	花期：__月__日 至__月__日 频次：__天 / 次 产量：__千克 / 箱
		是否存在掠夺式采收的现象？（采收频率过高、经常采光蜂巢内蜂蜜等）	
		采收期间，生产群是否使用蜂药？蜂群在停药期内是否从事蜜蜂产品采收？产品是否作为绿色食品使用？	
		蜜源植物施药期间（含药物安全间隔期）是否进行蜂产品采收？产品是否作为绿色食品使用？	
		采收机具和产品存放器具是否严格清洗消毒？是否符合国家相关要求？	
		蜂王浆的采集过程中，移虫、采浆作业需在对空气消毒过的室内或者帐篷内进行，消毒剂的使用是否符合 NY/T 472 标准要求？	
		是否有蜂产品采收记录？（包括采收日期、产品种类、数量、采收人员、采收机具等）	
19	初加工情况	采收后是否进行简单初加工处理（清理、过滤、分级等）？	
		※ 简述加工厂所地址、面积、周边环境	
		※ 简述厂区卫生制度及实施情况	
		※ 简述加工流程	

（续表）

19	初加工情况	※ 是否清洗？简述清洗用水的来源	
		※ 简述加工设备及清洁方法	
		※ 加工设备是否同时用于绿色和非绿色产品？简述如何防止混杂和污染？	
		※ 简述清洁剂、消毒剂种类和使用方法，如何避免对产品产生污染？	
		是否有产品初加工记录？	

八、包装与储运

20	包装材料	※ 简述包装材料、来源	
		※ 简述周转容器材料，是否清洁？	
		包装材料选用是否符合 NY/T 658 标准要求？	
		是否使用聚氯乙烯塑料？直接接触绿色食品的塑料包装材料和制品是否符合以下要求：未含有邻苯二甲酸酯、丙烯腈和双酚 A 类物质；未使用回收再用料等	
		纸质、金属、玻璃、陶瓷类包装性能是否符合 NY/T 658 标准要求？	
		油墨、贴标签的黏合剂等是否无毒？是否直接接触食品？	
		是否可重复使用、回收利用或可降解？	

（续表）

21	标志与标识	是否提供了带有绿色食品标志的包装标签或设计样张？	
		包装标签标识及标识内容是否符合GB 7718、NY/T 658 标准要求？	
		绿色食品标志设计是否符合《中国绿色食品商标标志设计使用规范手册》要求？	
		包装标签中生产商、商品名、注册商标等信息是否与上一周期绿色食品标志使用证书中一致？（续展）	
22	生产资料仓库	是否与产品分开储藏？	
		※ 简述卫生管理制度及执行情况	
		绿色食品与非绿色食品使用的生产资料是否分区储藏、区别管理？	
		是否储存了绿色食品生产禁用物质？禁用物质如何管理？	
		出入库记录和领用记录是否与投入品使用记录一致？	
23	产品储藏仓库	周围环境是否卫生、清洁，远离污染源？	
		※ 简述仓库内卫生管理制度及执行情况	
		※ 简述储藏设备及储藏条件，是否满足食品温度、湿度、通风等储藏要求？	

（续表）

23	产品储藏仓库	※ 简述堆放方式，是否会对产品质量造成影响？	
		是否与有毒、有害、有异味、易污染物品同库存放？	
		※ 简述与同类非绿色食品产品一起储藏的如何防混、防污、隔离？	
		防虫、防鼠、防潮措施，使用的药剂种类、剂量和使用方法是否符合 NY/T 393、NY/T 472 规定？所用药剂是否会对产品产生影响？	
		是否有储藏设备管理记录？	
		是否有产品出入库记录？	
24	运输管理	※ 简述采用何种运输工具？	
		是否与化学物品及其他任何有害、有毒、有气味的物品一起运输？	
		铺垫物、遮盖物是否清洁、无毒、无害？	
		运输工具是否同时用于绿色食品和非绿色食品？如何防止混杂和污染？	
		※ 简述运输工具清洁措施	
		是否有运输过程记录？	

九、废弃物处理及环境保护措施

25	废弃物处理	污水、废旧巢脾、垃圾等废弃物是否及时处理？	
		废弃物存放、处理、排放是否对生产区域及周边环境造成污染？	
26	环境保护	※ 如果造成污染，简述采取了哪些保护措施？	

十、绿色食品标志使用情况（仅适用于续展）

27	是否提供了经核准的绿色食品标志使用证书？	
28	是否按规定时限续展？	
29	是否执行了《绿色食品商标标志使用许可合同》？	
30	续展申请人、产品名称等是否发生变化？	
31	质量管理体系是否发生变化？	
32	用标周期内是否出现产品质量投诉现象？	
33	用标周期内是否接受中心组织的年度抽检？产品抽检报告是否合格？	
34	※ 用标周期内是否出现年检不合格现象？说明年检不合格原因	
35	※ 核实上一用标周期标志使用数量、原料使用凭证	
36	申请人是否建立了标志使用出入库台账，能够对标志的使用、流向等进行记录和追踪？	
37	※ 用标周期标志使用存在的问题	

十一、收获统计

※ 产品名称	※ 养殖规模（群）	※ 流蜜期（天）	※ 预计年采收量（吨）

现场检查意见

<table>
<tr><td>现场检查综合评价</td><td></td></tr>
<tr><td>检查意见</td><td>□合格
□限期整改
□不合格</td></tr>
<tr><td colspan="2">检查组成员签字：

年　月　日</td></tr>
<tr><td colspan="2">我确认检查组已按照绿色食品现场检查通知书的要求完成了现场检查工作，报告内容符合客观事实。

申请人法定代表人（负责人）签字：

（盖章）
年　月　日</td></tr>
</table>

会议签到表样表

绿色食品现场检查会议签到表

申请人：　　　　　　　　　　　　　　　　　　　年　　月　　日

	姓名	职责	工作单位	首次会议	总结会
检查员					
	姓名	职务	职责	首次会议	总结会
申请人					

注：请参会人员根据参会情况，在首次会议和总结会栏打“√”或打“×”。

现场检查发现问题汇总表样表

绿色食品现场检查发现问题汇总表

<table>
<tr><td>申请人</td><td colspan="3"></td></tr>
<tr><td>申请产品</td><td colspan="3"></td></tr>
<tr><td>检查时间</td><td colspan="3"></td></tr>
<tr><td>检查组长</td><td></td><td>检查员</td><td></td></tr>
<tr><td colspan="3">发现问题描述</td><td>依据</td></tr>
<tr><td colspan="3"></td><td></td></tr>
<tr><td colspan="3"></td><td></td></tr>
<tr><td colspan="3"></td><td></td></tr>
<tr><td colspan="4">申请人整改措施及时限承诺：

负责人：________申请人（盖章）________日期：________</td></tr>
<tr><td colspan="4">整改措施落实情况：

检查组长：________日期：________</td></tr>
</table>

注：1. 此表一式三份，中国绿色食品发展中心、省级工作机构、申请人各一份。

2. 申请人应在承诺时限内将整改材料提交检查组。

3. 检查组长对整改措施落实情况判定合格后，将此表、整改材料和检查报告一并报送。

绿色食品现场检查通知书样式

绿色食品现场检查通知书

____________：

你单位提交的申请材料（初次申请□　续展申请□　增报申请□）审查合格，按照《绿色食品标志管理办法》的相关规定，计划于____年____月____日至____日对你单位的________（产品）生产实施现场检查，现通知如下。

1　检查目的

检查申请产品（或原料）产地环境、生产过程、投入品使用、包装、储藏运输及质量管理体系等与绿色食品相关标准及规定的符合性。

2　检查依据

《中华人民共和国食品安全法》《中华人民共和国农产品质量安全法》《绿色食品标志管理办法》等相关法律法规，《绿色食品标志许可审查程序》《绿色食品现场检查工作规范》，绿色食品标准及绿色食品相关要求。

3 检查内容

3.1 核实

☐质量管理体系和生产管理制度落实情况
☐绿色食品标志使用情况（适用于续展申请人）
☐种植、养殖、加工等过程及包装、储藏运输等与申请材料的符合性
☐生产记录、投入品使用记录等

3.2 调查、检查和风险评估

☐产地环境质量，包括环境质量状况及周边污染源情况等
☐种植产品农药、肥料等投入品的使用情况
☐食用菌基质组成及农药等投入品的使用情况，包括购买记录、使用记录等
☐畜禽产品饲料及饲料添加剂、疫苗、兽药等投入品的使用情况，包括购买记录、使用记录等
☐水产品养殖过程的投入品使用情况，包括渔业饲料及饲料添加剂、渔药、藻类肥料等购买记录、使用记录等
☐蜂产品饲料、兽药、消毒剂等投入品使用情况，包括购买记录、使用记录等
☐加工产品原料、食品添加剂的使用情况，包括购买记录、使用记录等

4 检查组成员

成员	姓名	检查员专业	联系方式
组长			
组员			
组员			
组员（实习）			
技术专家			

注：实习检查员和技术专家为组成检查组非必需人员。

5 现场检查安排

检查组将依据《绿色食品标志许可审查程序》安排首末次会、环境调查、现场检查、投入品和产品仓库查验、档案记录查阅、生产技术人员现场访谈等，请你单位主要负责人、绿色食品生产管理负责人、内检员等陪同检查。

6 保密

检查组承诺在现场检查过程及结束之后，除国家法律法规要求外，未经申请人书面许可，不得以任何形式向第三方透露申请人要求保密的信息。

检查员（签字）：

联系人：　　　　　　　　　　　　　联系电话：

工作机构（盖章）

年　月　日

7 申请人确认回执

如你单位对上述事项无异议，请签字盖章确认；如有异议，请及时与我单位联系。

联系人：　　　　　　　　　　　　　　　联系电话：

负责人（签字）：　　　　　　　　　　　申请人（盖章）

年　月　日

注：该通知书省级工作机构、地市县级工作机构和申请人各执一份。

附录10

绿色食品现场检查意见通知书样式

绿色食品现场检查意见通知书

____________：

根据检查组的现场检查报告结论，现通知如下。

□现场检查合格，请持本通知书委托绿色食品环境与产品检测机构实施检测工作。

1. 环境检测

检测项目：□全项免检或不涉及（标准化原料基地、续展企业环境无变化） □空气质量 □农田灌溉水 □渔业水 □畜牧养殖用水 □加工用水 □食用盐原料水 □土壤环境质量 □土壤肥力 □食用菌栽培基质

2. 产品检测

□请按照国家标准__________检测__________产品。

□请按照绿色食品标准__________检测__________产品。

□有符合要求的抽检报告（续展），免测__________产品。

□现场检查不合格，本生产周期内不再受理你单位的申请。

原因：

负责人（签字）： 工作机构（盖章）

年 月 日

注：该通知书省级工作机构、地市县级工作机构和申请人各执一份。